USAR EL CEREBRO

CONOCER NUESTRA MENTE PARA VIVIR MEJOR

USAR EL CEREBRO

CONOCER NUESTRA MENTE PARA VIVIR MEJOR

FACUNDO MANES
MATEO NIRO

Obra editada en colaboración con Grupo Editorial Planeta S.A.I.C. - Argentina

Diseño de portada: Departamento de Arte de Grupo Editorial Planeta S.A.I.C.

© 2014, Facundo Manes y Mateo Niro

Edición publicada mediante acuerdo con Libros del Zorzal
© 2014, Libros del Zorzal

Todos los derechos reservados

© 2014, Grupo Editorial Planeta S.A.I.C. – Buenos Aires, Argentina

Derechos reservados

© 2014, Ediciones Culturales Paidós, S.A de C.V.
Bajo el sello editorial PAIDÓS M.R.
Avenida Presidente Masarik núm. 111, Piso 2
Colonia Polanco V Sección
Deleg. Miguel Hidalgo
C.P. 11560, México, D.F.
www.planetadelibros.com.mx
www.paidos.com.mx

Novena edición impresa en Argentina: julio de 2014
ISBN: 978-950-49-3692-3

Primera edición impresa en México: septiembre de 2014
Primera reimpresión: octubre de 2015
ISBN: 978-607-9377-82-3

Impreso en los talleres de Litográfica Ingramex, S.A. de C.V.
Centeno núm. 162-1, colonia Granjas Esmeralda, México, D.F.
Impreso en México – *Printed in Mexico*

Índice

Capítulo 2. *Memoria: saber recordar y saber olvidar*

Capítulo 3. *El cerebro social y emocional*

Capítulo 4. *La mente en forma*

Prólogo

"Hace más de 13 000 millones de años, toda la materia y la energía del universo estaba concentrada en un punto infinitesimal"... "El cosmos se creó a partir de una gran explosión"... "El Sol no es más que una estrella sin importancia entre miles de millones de estrellas que forman una galaxia, la Vía Láctea, entre miles de millones de otras galaxias"... En mi trabajo como periodista de temas científicos, suelo repetir fórmulas llamativas como estas, oídas y vueltas a leer tantas veces que ya se convirtieron en clichés... Y sin embargo, todavía me es imposible entender qué quieren decir en realidad, no importa cuánto me esfuerce en desentrañarlas. Ahora intento con esta: "El cerebro es el objeto más complejo del universo". Qué idea tan estremecedora y fascinante. De nuevo trato de atraparla, pero se esfuma como una imagen evanescente dejándome un vago vacío en el estómago. Vértigo. La sensación de asomarse a un abismo sin fin. Pero... un momento: ¿dónde están estas *ideas*? ¿Dónde, los pensamientos y emociones que nos definen? ¿Cómo se teje y se desteje la inasible trama de la realidad en los senderos que atraviesan la jungla de la mente?

Hace más de una década, las neurociencias estaban comenzando a crecer en el país. Los investigadores que se dedicaban al tema eran pocos y estaban disgregados.

Facundo Manes era un joven neurólogo e investigador que había vuelto al país después de trabajar en los Estados Unidos y de formarse en la Universidad de Cambridge. Muy pronto se percibía que había en él algo especial. No eran su simpatía ni su inusual calidez, sino la energía y la pasión que todavía hoy lo movilizan.

Estaba dominado por una idea: estudiar el cerebro en el ambiente más parecido a la vida real que fuera posible. Y hacerlo en 360 grados, desde todos los ángulos del conocimiento. No a la manera del anatomista, sino con la visión del ecólogo. Para remontar ese sueño, no vaciló en crear dos institutos (el de Neurología Cognitiva, Ineco, y el de Neurociencias de la Fundación Favaloro), en atraer a su lado a otros especialistas expertos y a los jóvenes más talentosos.

Lo que ocurrió desde entonces fue comparable a lo que pasa cuando uno elige el movimiento acertado en el tablero de ajedrez. Todo cambia. El médico que dilucidaba diariamente cuadros clínicos difíciles de resolver con sus pacientes y el científico que abordaba problemas novedosos sobre la memoria de los meseros o extraños comportamientos causados por singulares formas de demencia no solo se convirtió en un referente en el plano global, sino que nucleó a investigadores de la Argentina y de otros países, organizó simposios internacionales con algunas de las figuras más destacadas del mundo, empezó a dirigir equipos que publican trabajos de investigación en las revistas cardinales de la especialidad. Y hasta se transformó en una figura conocida para el gran público cuando explicó delante de las cámaras lo que hoy él y muchos otros están descubriendo sobre este órgano tan vasto y sorprendente en un programa de horario central de la televisión.

Este libro destila esa aventura vertiginosa desde un puesto de avanzada. Como debe de haberles ocurrido a los descubridores del Nuevo Mundo a fines del siglo xv, nos invita a deslumbrarnos ante ese territorio de maravillas que solo ahora está comenzando a cartografiarse con mayor detalle. ¿Qué es eso que llamamos *inteligencia*, dónde se almacenan los recuerdos, cómo se articula el sonido de una palabra con la idea que representa, cómo surge la conciencia, pensamos diferente las mujeres y los hombres, a qué llamamos *amor*, cómo tomamos decisiones, qué nos pasa con el dinero?

Las respuestas a estas preguntas y muchas otras son todavía provisorias o tentativas. Pero qué estimulante es acompañar a este explorador de la mente en su travesía a los confines de lo que significa ser humano. Créanme si les digo que se trata de una oportunidad que sería imperdonable pasar por alto.

Nora Bär
Buenos Aires, 26 de mayo de 2013.

Palabras preliminares

Este libro comenzó a pensarse a partir de un diálogo. En realidad, muchas cosas empiezan así, con el empujón de un diálogo que nos mueve hacia un nuevo desafío. Pero en este caso, no se trató de un diálogo particular, sino más bien del diálogo abarcador, múltiple, heterogéneo. Este libro, entonces, partió, no de una voz solitaria e iluminada, sino de un diálogo en infinidad de charlas con colegas, con alumnos, en reuniones sociales, en entrevistas, en viajes. Cada tema de los que se desarrollan en este libro pudo surgir de una conversación de gente curiosa, interesada por comprender los enigmas del pensamiento, de la conducta, de las decisiones, de la memoria o de cómo hacer para vivir mejor. Es que nada de esto resulta ajeno a cualquier persona. La especificidad de las neurociencias —el campo en el que me desenvuelvo— está en que aborda estos temas con método riguroso; pero otra cualidad, tan importante como la primera, es que se desenvuelve a partir de la interacción entre tradiciones y campos disímiles de la ciencia: neurólogos, psicólogos, biólogos, físicos, lingüísticas, antropólogos, etc., *dialogan* para profundizar en el estudio del órgano más complejo del universo, el cerebro humano. No se podría desarrollar una disciplina tan ambiciosa de otra forma. Pero, aunque esto fuese posible, yo no podría, o no querría, porque sé que no estaría dando lo mejor de mí. Todo lo que fui haciendo a lo largo de mi carrera lo hice con otros. Y este libro también.

Muchas veces me preguntaron si lo dicho en alguna conferencia o lo escrito en una columna de opinión en un diario podía encontrarse en algún libro. Yo solía responder que seguramente sí, que me había nutrido de lo que decían grandes maestros que habían escritos excelentes libros. Sabía que, en todos los casos, la pregunta estaba orientada hacia otro asunto: si podía hallarse algo mío con esa gracia que ostenta el libro, la de conservarse, la de ser releído, la de poder colocarlo a resguardo en una biblioteca. Debía explicarle que en realidad el libro por el cual me preguntaba estaba en un proceso como el de las frutas que se gestan y maduran con el tiempo, que no hay nada ni nadie que pueda acelerar y hacer que se llegue antes. Y llegó.

Este libro se propone pensar el cerebro con el objetivo de que podamos vivir mejor. ¿Qué significa esto? Que cuanto uno más comprende sobre sí mismo, más va a saber atenderse y cuidarse, es decir, vivir plenamente. Con este motivo, las páginas próximas considerarán muchos de los hallazgos científicos sobre el cerebro humano de los últimos años de manera dinámica y ordenada a la vez. A pesar de que resulta difícil trazar una línea divisoria entre un tema y otro cuando tratamos estas cuestiones (una de las consignas más recurrentes de estas páginas será que el cerebro trabaja en red), organizamos el libro a partir de cuatro grandes núcleos temáticos: el primero tiene que ver, justamente, con temas introductorios de las neurociencias (cómo funciona el cerebro, mitos y verdades, qué es la conciencia, entre tantos otros); el segundo, sobre la memoria (los tipos de memoria, un elogio del olvido, los recuerdos indeseados, el impacto de la enfermedad de Alzheimer); el tercero trata temas sobre la toma de decisiones y la emoción (la biología de la felicidad y la belleza, la *miopía del futuro*, el trastorno de la ansiedad, el libre albedrío); y en el cuarto y último esbozamos una serie de premisas que promueven una mente en forma (la alimentación, el sueño, el ejercicio físico, los desafíos intelectuales). Estos capítulos están compuestos por un conjunto de textos relativamente breves, con el objetivo de que puedan leerse en un acotado tiempo que se tenga, o de corrido, durante esos ratos más pronunciados en los que decidimos dedicarnos a la lectura como práctica principal. Varios de estos capitulillos han sido adaptados de notas que publicamos oportunamente en los diarios *Clarín* y *La Nación* y la revista semanal *Noticias*, entre otros medios. Como se verá, consideramos que una manera didáctica y atractiva de compartir estos grandes (y muchas veces complejos) temas es a partir de ejemplos, ilustraciones y analogías con textos literarios, fragmentos cinematográficos y casos de la vida real. Esto permite que, muchas veces, se pueda partir de lo que se conoce y se sabe para arribar de ma-

nera eficaz a lo que resulta desconocido y misterioso.
Los capítulos cuentan, además, con el desarrollo de una
experiencia de laboratorio que permite dar cuenta de
un relato acerca de cierto proceso de construcción del
conocimiento neurocientífico; también, la exposición
de un tema organizado como las célebres enciclopedias
de preguntas y respuestas de nuestra infancia, para ren-
dirle tributo a esos libros que de casa en casa se vendían
en ciudades y pueblos, y nos abrieron las puertas, a varias generaciones, hacia la divulgación científica. También optamos por que algunos fragmentos literarios de
autores universales se interpusieran como cuñas y des-
acomodaran muchas de las formulaciones científicas.

Este libro, como he expresado, es la consecuencia de
un largo recorrido. Más allá de que fueron (y son) in-
contables los que colaboraron con este camino, quiero
agradecer especialmente:

A todos los que ayudaron a crear Ineco, un lugar en la
Argentina donde diferentes disciplinas estudian el cerebro, pero no solo respecto de enfermedades neurológicas
y psiquiátricas, sino también en cuanto a los procesos
cerebrales. Hasta el año 2005 no existía un lugar con
estas características en nuestro país. Ineco logró formar
un equipo multidisciplinario de científicos básicos y profesionales con experiencia clínica que intenta responder
preguntas históricas sobre cómo diferentes elementos del
cerebro interaccionan y dan origen a la conducta de los
seres humanos.

A la Fundación Ineco y a sus benefactores que permiten sostener, desde nuestro país, un polo de investigación de referencia internacional sobre el funcionamiento cerebral y la prevención, detección y tratamiento de diversos trastornos neurológicos y psiquiátricos de alto impacto en la sociedad. Ellos, además, continúan apoyando la formación científica de profesionales de la salud al mismo tiempo que contribuyen a la educación en neurociencias de la comunidad.

A la Fundación Favaloro, por permitirme cumplir el sueño de René, de estudiar la relación corazón-cerebro. Los profesionales que integramos el proyecto del Instituto de Neurociencias de la Fundación Favaloro pasamos a formar parte del sueño hecho realidad de uno de los argentinos más importantes del siglo xx. Este proyecto generó la oportunidad de ofrecer tratamientos de excelencia a un gran número de pacientes de distinta condición social que no tenían medios para acceder a la neurología, la psiquiatría y la neurocirugía de primer nivel.

A todo el equipo profesional de Ineco y del Instituto de Neurociencias de la Fundación Favaloro, especialmente a mis colegas Ezequiel Gleichgerrcht, María Roca, Fernando Torrente, Teresa Torralva, Marcelo Cetcovich, Sol Vilaro, Rafael Kichic, Agustín Ibáñez, Tristán Bekinschtein, Mariana Vicente, Clara Pinasco, Alicia Lischinsky, Pablo López y Lucas Sedeno por su constante ayuda, crítica y sus valiosos aportes, comentarios y sugerencias al texto de este libro. También a Nora Bär, quien generosamente lo prologó y contribuye sostenida y firmemente para la divulgación científica –y sobre todo de las neurociencias cognitivas– en la Argentina. Del mismo modo, quiero agradecer a Silvia Fesquet y a Ana D'Onofrio, quienes me estimularon a escribir columnas de neurociencias periódicamente en las páginas centrales de diarios de circulación nacional.

Y, por supuesto, quiero agradecerles y dedicarles este libro a aquellos que me acompañan en todo: a Dora, mi madre, a quien le debo la educación firme y tesonera; a mi hermano Gastón, compañero de tantos caminos –incluso el de haber fundado Ineco juntos–, por su increíble apoyo, paciencia y afecto, y por creer siempre en mí; a Marcelo Savransky, por su amistad y apoyo constante; y a Josefina, mi mujer: ella me dio y me da todo –amor, espacio, tiempo, paciencia y comprensión– y me acompaña desde que me tomó de la mano y nunca la soltó.

Por último, quiero dedicar este libro tan querido a mis hijos, Manuela y Pedro, porque sin ellos no sería la persona que soy hoy. Y también a la memoria de mi padre, el Dr. Pedro Manes, un médico y un caballero, por su sabiduría y generosidad.

Quiero completar estas palabras preliminares y, para eso, volver a las del principio. Dije que este libro había comenzado con un diálogo. Pero debo decir, mejor, que este libro *es* un diálogo. Durante muchos meses (años, quizás) hicimos germinar este libro a partir de un ida y vuelta metódico, permanente y enriquecedor con mi amigo Mateo Niro, a quien conocí por mi hermano Gastón. Mateo es especialista en Letras y gran escritor a quien admiro profundamente por sus características humanas e intelectuales. Estoy convencido de que el futuro de las neurociencias radica en trabajar conjuntamente con otras disciplinas sociales, culturales y artísticas y este libro no debía traicionar esta idea. Trabajar con un intelectual de la talla de Mateo en esta obra permitió generar interpretaciones ambivalentes y argumentos de discusión acerca de *verdades* con la ironía y la ambigüedad que la ciencia pocas veces se permite. Fue un enorme privilegio compartir con él este viaje para intentar explicar lo que sabemos acerca de cómo funciona el órgano que nos hace humanos.

Facundo Manes

Es demasiado provechoso escribir un libro y, en tiempo real, ir aprendiendo de eso que se escribe. Esta proeza se la debo a Facundo, que con generosidad me invitó a que moldeara este libro junto con él. Ojalá que haya podido devolver en alguna medida eso por lo que apostó; y, así, haber colaborado para que este libro sucediera de una manera cabal. Por recato, son breves pero fundamentales estas palabras de admiración y agradecimiento hacia él. A Elvira Arnoux y a Diego Bentivegna, por la dedicación y el afecto para formarme y acompañarme en la academia, en los trabajos y en los días, también deseo expresarles mi inmensa gratitud. Y por último, como sé que este libro es

mucho para mí, quiero dedicarlo a Raquel y Domenico
–mis amados padres–, mis hermanos –entre los cuales
también incluyo a Gastón–, a Daniela, quien quiso la
vida conmigo, y a todos nuestros hijos.

MATEO NIRO

Capítulo 1

Las neurociencias: claves para entender nuestro cerebro

El cerebro humano es la estructura más compleja en el universo. Tanto, que se propone el desafío de entenderse a sí mismo. El cerebro dicta toda nuestra actividad mental —desde procesos inconscientes, como respirar, hasta los pensamientos filosóficos más elaborados— y contiene más neuronas que las estrellas existentes en la galaxia. Por miles de años, la civilización se ha preguntado sobre el origen del pensamiento, la conciencia, la interacción social, la creatividad, la percepción, el libre albedrío y la emoción. Hasta hace algunas décadas, estas preguntas eran abordadas únicamente por filósofos, artistas, líderes religiosos y científicos que trabajaban aisladamente; en los últimos años, las neurociencias emergieron como una nueva herramienta para intentar entender estos enigmas.

Las neurociencias estudian la organización y el funcionamiento del sistema nervioso y cómo los diferentes elementos del cerebro interactúan y dan origen a la conducta de los seres humanos. En estas décadas hemos aprendido más sobre el funcionamiento del cerebro que en toda la historia de la humanidad. Este tratamiento científico es multidisciplinario (incluye a neurólogos, psicólogos, psiquiatras, filósofos, lingüistas, biólogos, ingenieros, físicos y matemáticos, entre otras especialidades) y abarca muchos niveles de estudio, desde lo puramente molecular, pasando por el nivel químico y celular (a nivel de las neuronas individuales), el de las redes neuronales, hasta nuestras conductas y su relación con el entorno.

Es así que las neurociencias estudian los fundamentos de nuestra individualidad: las emociones, la conciencia, la toma de decisiones y nuestras acciones sociopsicológicas. Todos estos estudios exceden el interés de los propios neurocientíficos, ya que también captan la atención de diversas disciplinas, de los medios de comunicación y de la sociedad en general. Como todo lo hacemos con el cerebro, es lógico que el impacto de las neurociencias se proyecte en múltiples áreas de relevancia social y en dominios tan disímiles. Por ejemplo, la neuroeducación tiene como objetivo el desarrollo de nuevos métodos de enseñanza y aprendizaje, al combinar la pedagogía y los hallazgos en la neurobiología y las ciencias cognitivas. Se trata así de la suma de esfuerzos entre científicos y educadores, haciendo hincapié en la importancia de las modificaciones que se producen en el cerebro a edad temprana para el desarrollo de capacidades de aprendizaje y conducta que luego nos caracterizan como adultos.

Al tratarse de un área fundamental para el conocimiento humano, resulta comprensible y necesario que los procesos de las neurociencias no queden solamente en los laboratorios, sino que sean absorbidos y debatidos por la sociedad en general. Si nos hicieran un trasplante de riñón o de pulmón, seguiríamos siendo nosotros mismos. Pero si nos cambiaran el cerebro, nos convertiríamos en personas distintas.

A pesar de la complejidad, la investigación en neurociencias ha arribado a conocimientos claves sobre el funcionamiento del cerebro. Un ejemplo de estos avances ha sido el descubrimiento de las neuronas espejo, que se cree que son importantes en la imitación, o el hallazgo sobre la cualidad de las neuronas, que pueden regenerarse y establecer nuevas conexiones en algunas partes de nuestro cerebro. Distintos estudios han permitido reconocer que la capacidad de percibir las intenciones, los deseos y las creencias de otros es una habilidad que aparece alrededor de los cuatro años; también, que el cerebro es un órgano plástico que alcanza su madurez entre la segunda y tercera década de la vida.

Las neurociencias, a su vez, han realizado aportes considerables para el reconocimiento de las intenciones de los demás y de los distintos componentes de la empatía, de las áreas críticas del lenguaje, de los mecanismos cerebrales de la emoción y de los circuitos neurales involucrados en ver e interpretar el mundo que nos rodea. Asimismo, han obtenido avances significativos en el conocimiento del correlato neural de decisiones morales y de las moléculas que consolidan o borran los recuerdos, en la detección temprana de enfermedades psiquiátricas y neurológicas, y en el intento de crear implantes neurales, que, en personas con lesiones cerebrales e incomunicadas por años, permitirían leer sus pensamientos para mover un brazo robótico.

Resulta entendible que, a partir de hallazgos como estos que han visto la luz en las últimas décadas, las neurociencias hayan despertado cierta expectativa de que finalmente entenderemos desde grandes temas, como la conciencia humana o las bases moleculares de muchos trastornos mentales, hasta temas cotidianos, como por qué la gente prefiere un refresco a otro. Sin embargo, debe llevarse a cabo un intenso debate sobre los hallazgos en el estudio del cerebro, sus limitaciones y las posibles implicancias y aplicaciones de la investigación.

En primera instancia, es importante que se reflexione respecto de qué preguntas se han de abordar. Es decir, debemos discutir sobre cuáles son las preguntas relevantes y por qué lo son. Por ejemplo, algunos estudios se han enfocado en perfeccionar métodos de neuroimágenes a fin de detectar si una persona está mintiendo. Más allá del debate sobre la metodología de estos estudios, quizá, como primer paso, debamos preguntarnos: ¿qué es mentir? En distintos países se intenta utilizar la tecnología en neuroimágenes para determinar la culpabilidad o no de un acusado y, sin embargo, hay aún grandes disquisiciones académico-científicas sobre qué significa ser responsable de las acciones propias.

Cuando uno sobrevuela de noche una ciudad, puede observar con claridad las luces que se dibujan en ella. Esa visión nos permite percibir la magnitud de la metrópolis, aunque obviamente resulta imposible auscultar las conversaciones, los deseos, las tristezas y las alegrías que suceden siquiera en una de sus esquinas, sus casas o sus bares. Cabe entonces preguntarse si, cuando observamos un patrón de activación cerebral específico estamos viendo, por ejemplo, las bases neurales de la mentira o si, por lo contrario, estamos presenciando el modo en que el cerebro se activa cuando mentimos. Contrariamente a lo que puede interpretarse, las imágenes cerebrales no nos dicen si una persona está mintiendo o no: más bien, muestran ciertos estados de ánimo, como la ansiedad o el miedo que vienen asociados con la mentira. Esta sutil distinción puede traducirse en destinos muy diferentes. Además, estas definiciones se basan en las estadísticas derivadas de los datos obtenidos mediante grupos de personas de tamaño variable, que fueron evaluados en su mayoría en un entorno de laboratorio. Dado el marco artificial, los márgenes de error y otras limitaciones inherentes, pareciera que la detección de determinados estados mentales no es tan fácil como se afirma a menudo. De allí que su uso en ámbitos tales como el sistema legal requiera una reflexión conjunta y consensuada.

Como describió hace un tiempo un editorial de una revista científica, existe una creencia persistente de que se está alimentando una *neuro-inspirada industria del marketing* centrada en analizar las percepciones de los consumidores y los gustos y, a partir de eso, una posibilidad de predecir su comportamiento. Empresas de *neuromarketing*, por ejemplo, prometen la producción de *datos científicos irrevocables* revelando no lo que dicen las personas sobre los productos, sino *lo que realmente piensan.*

Otro debate interesante es aquel que se propone acerca del uso de drogas que aumentan la capacidad cognitiva en personas sanas. La neuroética consiste en la reflexión sistemática y crítica sobre cuestiones fundamentales que plantean los avances científicos del estudio del cerebro. Se ocupa no solo de la discusión práctica sobre cómo hacer investigaciones en esta área de manera ética sino que se interroga también sobre las implicancias filosóficas, sociales y legales del conocimiento del cerebro.

El estudio neurocientífico resulta apasionante, innovador y, más allá de sus alcances, ha logrado progresos que han sido claves para comprender mejor diversos mecanismos mentales críticos en el funcionamiento cerebral. Además, los descubrimientos en este campo han permitido una mejor calidad de vida para millones de personas con condiciones psicológicas, neurológicas y psiquiátricas.

El desafío científico es inmenso, ya que se plantea muchas de las preguntas que desde siempre la civilización se ha formulado, como el origen del pensamiento, qué es la conciencia o si tenemos libre albedrío. Aunque aprendimos mucho de procesos cerebrales específicos, todavía no hay una teoría del cerebro que explique su funcionamiento general e incluso, quizá, no la tengamos nunca —un reconocido neurocientífico decía que abordar la pregunta sobre cómo funciona nuestro cerebro es como intentar saltar jalándose las agujetas—. Sin embargo, el actual marco intelectual y metodológico es muy promisorio. Es fundamental que exista un diálogo entre las neurociencias y los diferentes dominios de la sociedad.

Resulta necesario y estimulante que distintas disciplinas y escuelas discutan cómo se plantea científica, intelectual y metodológicamente uno de los desafíos más fascinantes de nuestra época: pensar nuestro cerebro. Este libro tiene como objetivo realizar un aporte para esto.

*

En este primer capítulo abordaremos los interrogantes básicos de esta disciplina como las diferencias primordiales que existen entre nuestro cerebro y el de las otras especies animales, por qué hablamos o qué es la conciencia; también, a qué se llama *empatía*, si es igual el cerebro de una mujer que el de un hombre, el problema de la percepción y el de la atención y para qué rezamos; pondremos en cuestión varios de los mitos existentes sobre el cerebro humano, nos interrogaremos sobre el genio individual y colectivo y expondremos sobre ciertos avances en la relación mente/cuerpo. Pero como este es un capítulo *metaneurocientífico*, también relataremos una breve historia de esta disciplina, analizaremos sus métodos y sus alcances.

*

El método de las neurociencias o la ciencia como metáfora

¿Cuáles son los caminos que deben recorrerse para lograr transformar una realidad dada en otra mejor? Vale para esto cualquier ejemplo, como la cura de un resfrío, que deje de pasar la humedad dentro de una casa, que dos pueblos separados por un río puedan integrarse a través de un puente, o que pueda generarse una red con todas las computadoras del mundo y eso permita un flujo de información sin precedentes. Sin dudas, la necesidad y el deseo son los principales impulsores para que algo cambie y que ello redunde en una vida mejor de uno y de su entorno. Pero existe una cuestión más compleja y, quizá, más enriquecedora para analizar esa transformación que va del impulso inicial a la solución: el modo para conseguirla.

A menudo se realza a la ciencia por el logro de resultados sorprendentes (nuevos medicamentos, viajes espaciales, computadoras sofisticadas, etc.), pero son sus métodos los que conforman una cualidad verdaderamente distintiva. El método científico es una manera de preguntar y responder a partir de algunos pasos necesarios: formular la cuestión; revisar lo investigado previamente; elaborar una nueva hipótesis; probar esa hipótesis; analizar los datos y llegar a una conclusión; y, por último, comunicar los resultados.

La ciencia permite que las personas y las sociedades puedan vivir mejor. A veces olvidamos cómo las innovaciones científicas han transformado nuestras vidas. En general, vivimos más que nuestros predecesores, tenemos acceso a una gran variedad de alimentos y otros bienes, podemos viajar con facilidad y rapidez por todo el mundo, disponemos de una gran diversidad de aparatos electrónicos diseñados para el trabajo y para el placer. Los seres humanos, a nivel personal, familiar y social, tendemos a crear estados para que los vaivenes del contexto no nos sacudan a punto de secarnos en las sequías e inundarnos en las tormentas. Pero modificar de cuajo los fenómenos naturales o sociales globales se vuelve una empresa sumamente dificultosa (por no decir imposible, solo propagada por consignas voluntaristas, mágicas o de proselitismo cínico). La sabiduría, más bien, está en saber qué se hace con esa realidad: poder cubrirse del temporal, modificar el curso de los ríos, atemperar los malos resultados. Y la clave, en todos los casos, es saber mirar más allá, como el ajedrecista que piensa en la actual jugada pero en función de las futuras. En la neurología, como ya abundaremos en el tercer capítulo de este libro, conocemos una patología de pacientes frontales que tienen miopía del futuro: solo piensan en lo inmediato y se les hace imposible pensar el largo plazo. Esta condición permitiría graficar cierto movimiento contrario al de la práctica científica, que se exige imaginar, proyectar y trabajar sobre el largo plazo, carácter necesario para el desarrollo personal y social sostenido.

Una de las críticas apresuradas que se le hace a la labor científica es su carácter tecnocrático, reduccionista, gélido o deshumanizado. Estos adjetivos le endilgan el desvalor de la propuesta sosa, desapasionada, negadora de la *épica del corazón*. Muy opuesto a estas consideraciones, todo desafío científico busca la evidencia cargado con una inmensa impronta de pasión. Es decir, todas virtudes muy humanas, sumadas al usufructo de la inteligencia que permite entender y poner en marcha aquellos mecanismos necesarios para lograr la transformación.

Asimismo, hoy la ciencia se desenvuelve a partir de trabajos mancomunados e interdisciplinarios. El desarrollo científico es un trabajo de equipo y no de arrebatos personales y personalistas, con colectivos conformados por disímiles ideas y saberes que se confrontan para llegar a una conclusión aceptada y aceptable. Una tradición aclamada en la historia y la sociología de la ciencia pone de relieve el papel del genio individual en los descubrimientos científicos. Esta tradición se centra en guiar a las contribuciones de los autores solitarios, como Newton y Einstein —justamente sobre él nos detendremos en este capítulo—, y puede ser vista en términos generales como una tendencia a equiparar las grandes ideas con nombres particulares, como el principio de incertidumbre de Heisenberg, la geometría euclidiana, el equilibrio de Nash y la ética kantiana. Varios estudios, sin embargo, han explorado un aparente cambio en la ciencia de este modelo de base individual de los avances científicos a un modelo de trabajo en equipo. Un estudio publicado en la prestigiosa revista *Science* que relevó casi 20 millones de artículos científicos y 2.1 millones de patentes en las últimas cinco décadas demostró que los equipos predominan sobre los autores solitarios en la producción de conocimiento con alto impacto. Esto se aplica para las ciencias naturales y la ingeniería, las ciencias sociales, artes y humanidades, lo que sugiere que el proceso de creación de conocimiento ha cambiado (de un 17.5% en 1955 a un 51.5% en 2000). Estos datos significan que se ha producido un cambio sustancial que liga la tarea de investigación a la labor colectiva. Del mismo modo, la extensión de los equipos ha ido creciendo hasta llegar a casi el doble en 45 años (de 1.9 a 3.5 autores por artículo).

Otra de las claves del desarrollo científico es que ningún trabajo se realiza haciendo *tabula rasa* con las tareas previas; más bien se parte de estas, potenciando sus aciertos y corrigiendo sus errores, lo que permite arribar a las nuevas conclusiones de forma más satisfactoria. "El conocimiento previo, correcto y verdadero", expresó el premio Nobel argentino Bernardo Houssay en 1942, "es la base indispensable de toda acción humana acertada y benéfica. La ignorancia y el error son nuestros peores enemigos, porque nos llevan a la miseria, el sufrimiento y la enfermedad, mientras que los descubrimientos científicos han hecho y harán que la vida sea cada vez más larga, más sana y más agradable, liberando al hombre de la esclavitud y del trabajo pesado, de las epidemias pestilenciales y mejorando enormemente a la salud y el bienestar".

Otro elemento central para el desenvolvimiento de cualquier investigación científica tiene que ver con el valor de la idoneidad. La competencia es aquello que determina quiénes llevan adelante cada acción; es decir, aquellos que lo merecen, por talento y por esfuerzo, son los indicados para que el resto de la sociedad coloque en sus manos la tarea. Asimismo, la valoración de la capacidad genera un contagio, una promoción a la capacidad de los otros, al estudio, al esfuerzo, al reconocimiento. Esto no significa, ni mucho menos, que exista una vara homogénea para medir la capacidad de las personas. Es más, los criterios de inteligencia que se determinan por coeficientes estrictos ya están, por suerte, dejándose de lado. Ser inteligente es tener flexibilidad para mirar un problema y ver ahí una posibilidad nueva, una salida antes no pensada para enfrentarlo. Es importante remarcar que la ciencia no cuenta hoy con herramientas para medir la inteligencia en toda su extensión y complejidad. ¿Cómo asignar un coeficiente al humor, a la ironía y, aún más, a la diversificada y plástica capacidad del ser humano para responder de manera creativa a los desafíos que la sociedad y la naturaleza le plantean? Hoy existe la noción, como ampliaremos más adelante en el capítulo, de que la inteligencia incluye habilidades en el campo de lo emocional, de las motivaciones, de la capacidad para relacionarnos con otras personas en situaciones complejas y diversas. El consenso es que estas habilidades, que antes no se consideraban parte de la inteligencia, potenciarían el desarrollo intelectual al cooperar en la tarea diaria de enfrentar situaciones complejas y encontrar soluciones novedosas. Lo central es que cada cual explote sus capacidades, sean las que fueren, al máximo. "Lo más triste que hay en la vida es el talento derrochado", repetía como máxima una película de iniciación que dirigió Robert de Niro hace unos años. La fodonguería es justamente lo contrario de lo que estamos tratando: el derroche de talentos y el desprecio de las oportunidades.

La ciencia no se recuesta donde va la ola. Si esta hubiese sido de los que solo navegan adonde lleva la corriente, y enarbolado la bandera de lo que prescribe el corto destino de la moda o los laureles de la comodidad, todavía el mundo deambularía sin curar con penicilina, ni recorrer largos caminos con automóviles, ni hacer la luz con energía eléctrica.

El pensamiento científico es un rasgo que nos hace más humanos. Y aunque no es el único método ni logra transformarse en todo los casos en una práctica definitiva, sirve de modelo para el desenvolvimiento personal y social en campos que están más allá del estrictamente científico. La ciencia puede establecerse así como una extraordinaria y contundente metáfora, capaz de formular las preguntas y elaborar las respuestas sobre grandes desafíos como el bienestar de nuestras pequeñas comunidades o la construcción permanente de una sociedad integrada, igualitaria y desarrollada.

La arquitectura del pensamiento

En estas primeras páginas del libro, creemos oportuno hacer un breve repaso de lo que podríamos llamar "la arquitectura del sistema nervioso". Todo esto que describiremos de manera ordenada y sucinta es lo que nos permite el funcionamiento vital más básico desde respirar y que nuestro corazón lata, tomar un vaso de agua o caminar hasta nuestro trabajo, hasta realizar reflexiones de las más sofisticadas. Ya que resulta tan importante esta exposición para poder, luego, avanzar con reflexiones sobre sus habilidades y sus usos, es conveniente ir paso a paso.

El sistema nervioso

El sistema nervioso se divide en dos:

- un sistema central
- y un sistema periférico

El sistema nervioso central (SNC) comprende el cerebro y la medula espinal. El sistema nervioso periférico (SNC) incluye todos los nervios fuera del cerebro y la médula espinal y comprende los nervios craneanos/espinales y los ganglios periféricos. Estos últimos son fundamentales porque proyectan los impulsos nerviosos a los órganos y músculos (eferente), por ejemplo nos permiten mover una pierna. Estos nervios también realizan el recorrido inverso y llevan información sensorial al cerebro (aferente), por ejemplo cuando nos quemamos la mano. Asimismo, dentro del sistema nervioso podemos distinguir el somático, que conduce mensajes sensoriales al cerebro y mensajes motores a los músculos, y el autonómico, que regula funciones corporales como la frecuencia cardíaca y la respiración.

Sistema nervioso central

El sistema nervioso central está constituido por el encéfalo y la médula espinal. Están protegidos por tres membranas (duramadre, piamadre y aracnoides), denominadas genéricamente *meninges*. Además, el encéfalo y la médula espinal están cubiertos por envolturas óseas, que son el cráneo y la columna vertebral respectivamente.

Las cavidades de estos órganos están llenas de un líquido incoloro y transparente que recibe el nombre de *líquido cefalorraquídeo*. Sus funciones son muy variadas: sirve como medio de intercambio de determinadas sustancias, como sistema de eliminación de productos residuales, para mantener el equilibrio iónico adecuado y como sistema amortiguador mecánico.

Las células que forman el sistema nervioso central se disponen de tal manera que dan lugar a dos formaciones muy características:

- la sustancia gris, constituida por los cuerpos neuronales
- y la sustancia blanca, formada principalmente por las prolongaciones nerviosas (dendritas y axones), cuya función es conducir la información

El cerebro

El cerebro está compuesto por dos hemisferios y el cuerpo calloso que los une. Aunque no lo parezca, el cerebro humano tiene una superficie aproximada de 2 m², pero cabe en el cráneo debido a que está plegado de una forma muy peculiar. Por su función preponderante, es el único órgano completamente protegido por una bóveda ósea llamada *cavidad craneal*.

Sustancia blanca y sustancia gris

La sustancia blanca es una parte del sistema nervioso central compuesta de fibras nerviosas mielinizadas (recubiertas de mielina, sustancia que permite transmitir más rápidamente el impulso nervioso). Las fibras nerviosas contienen sobre todo axones (un axón es la parte de la neurona encargada de la transmisión de información a otra célula nerviosa). La llamada *sustancia gris*, en cambio, está compuesta por las dendritas y cuerpos neuronales.

En el cerebro, la sustancia blanca está distribuida en el interior, mientras que la corteza y los núcleos neuronales del interior se componen de sustancia gris. Esta distribución cambia en la médula espinal, en donde la sustancia blanca se halla en la periferia y la gris, en el centro.

Los hemisferios cerebrales

La corteza cerebral es una capa delgada de sustancia gris que cubre la superficie de cada hemisferio cerebral.

Dicha corteza, como hemos dicho, es de una extensión superior a la que cabría desplegada dentro del cráneo. Para lograrlo, la superficie cortical se pliega y, al plegarse, forma los denominados *surcos* o *cisuras* que no son más que la expresión visible de dichos pliegues. Las áreas que se encuentran visibles entre los pliegues es lo que llamamos *giros* o *circunvoluciones*. Existen tres cisuras principales que dan lugar a la división más utilizada en neuroanatomía que es la de los lóbulos cerebrales. Así, la cisura de Silvio (o cisura lateral), la cisura de Rolando (o surco central) y la cisura parieto-occipital dan lugar a los denominados:

- lóbulos frontales
- lóbulos parietales
- lóbulos temporales y occipitales

El cerebro no es macizo, sino que tiene en su interior una serie de espacios intercomunicados entre sí llamados *ventrículos*. Los ventrículos son dos espacios bien definidos y llenos de líquido cefalorraquídeo que se encuentran en cada uno de los dos hemisferios. El líquido cefalorraquídeo que circula en el interior de estos ventrículos y además rodea al sistema nervioso central sirve para proteger la parte interna del cerebro de cambios bruscos de presión y para transportar sustancias químicas.

El cerebelo

El cerebelo es una gran estructura localizada en la fosa craneana posterior, por debajo del lóbulo occipital del cerebro del que está separado por la *tienda del cerebelo* y por detrás del tronco del encéfalo o tallo (protuberancia y bulbo) que constituye la estructura que une el cerebro con la médula espinal.

El cerebelo constituye una parte clave en el sistema de control motor, ya que coordina la contracción uniforme y secuencial de los músculos voluntarios y establece con suma precisión sus acciones, haciendo que mientras unos se contraen, los músculos antagonistas se relajen para permitir la concreción de un movimiento con un objetivo determinado. Para poder realizar tan importante función se encuentra conectado con otras partes del cerebro. Además de su función motora, el cerebelo interviene en procesos cognitivos.

*

El cerebro – es más amplio que el cielo –
colócalos juntos –
contendrá uno al otro
holgadamente – y tú – también
el cerebro es más hondo que el mar –
retenlos – azul contra azul –
absorberá el uno al otro –
como la esponja – al balde –
el cerebro es el mismo peso de Dios –

pésalos libra por libra –
se diferenciarán – si se pueden diferenciar –
como la sílaba del sonido –

632
Emily Dickinson
(Massachusetts, 1830-1886)

*

Una brevísima historia de las Neurociencias Cognitivas

Una de las funciones primordiales del tratamiento histórico es que permite comprender que aquellos conceptos que hoy resultan evidentes y forman parte del sentido común se construyeron a través del tiempo a partir de elaboraciones y reelaboraciones, preguntas incómodas, críticas y nuevas formulaciones. Por ejemplo, aunque parezca sorprendente, no siempre se consideró al cerebro como el órgano biológico que dirige y controla el comportamiento humano. Actualmente nos resulta una verdad incontrovertible entender que es el cerebro el que tutela y fiscaliza nuestro cuerpo.

Al tratar de recorrer una historia de las neurociencias, nos damos cuenta de que en el pasado diversos órganos han sido identificados como el centro de los pensamientos o sentimientos. Por ejemplo, los egipcios creían que el corazón y el diafragma eran los órganos responsables del pensamiento. En la antigua Grecia, encontramos (los primeros) debates sobre la importancia del cerebro en relación con la vida mental de un individuo. El primer neurólogo (o neuropsicólogo) del que se tenga noticias es Alcmaeon Croton, un alumno griego de Pitágoras en el siglo v antes de Cristo. Es que sobre las bases de sus investigaciones clínicas o patológicas se propuso que el cerebro era el órgano responsable del pensamiento y de las sensaciones humanas. Un siglo después, Platón tuvo una postura similar y propuso al cerebro como *asiento del alma*. Lo fundamentó de una manera particular: al estar la cabeza más cercana a los cielos que cualquier otra parte del cuerpo, resultaba la zona más probable para contener al *divino órgano*. En el lado opuesto del debate se hallaban Empédocles y Aristóteles (contemporáneos de Alcmaeon Croton y de Platón respectivamente), que defendían al corazón como continente del alma. Cien años luego de Alcmaeon y Empédocles, los escritos de Hipócrates constituyeron otro importantísimo punto de inflexión. Hipócrates, quien vivió también en la antigua Grecia y desarrolló sus principales aportes a la ciencia en el siglo IV antes de Cristo, creía que el cerebro era el responsable del intelecto, los sentidos, el conocimiento, las emociones y de las enfermedades mentales.

Los primeros estudios anatómicos del cerebro fueron realizados por Nemesio durante ese mismo siglo, y ya postulaba la hipótesis ventricular. En la época romana, el gran médico Galeno adhirió a esto y fue a través de él que estos puntos de vista dominaron la cultura occidental. Mucho tiempo después, a comienzos del siglo XIX, un médico italiano, Luigi Rolando, proporcionó fundamentales detalles anatómicos del cerebro y dio nombre a algunas estructuras.

La evidencia empírica resulta crucial para el desarrollo de la ciencia moderna. El estudio de casos, sobre todo previo al desarrollo de las tecnologías actuales que permiten el estudio del cerebro *in vivo*, lograron los mayores avances en los estudios neurocientíficos. Por eso, se considera al neurólogo francés Paul Broca como uno de los pilares de las neurociencias. En 1865 exhibió una primera evidencia empírica sustancial de la ubicación espacial en el cerebro humano ligada a determinadas funciones. Él reportó el caso de un paciente, Leborgne, que era incapaz de hablar más allá de unas pocas palabras. Poco después, Leborgne murió y Broca tuvo la oportunidad de examinar su cerebro. Así descubrió que su lesión estaba en el lóbulo frontal izquierdo y esto le permitió interpretar que esta parte del cerebro es crítica para el lenguaje. El impacto de este descubrimiento fue enorme, ya que Broca demostró, por un lado, que un aspecto específico del lenguaje estaba afectado por una lesión cerebral específica, y, por el otro, cierta asimetría cerebral, ya que similares lesiones en el lado derecho del cerebro no producían la pérdida de lenguaje en otros pacientes. Por su parte, en Inglaterra, el neurólogo John Hughlings Jackson publicó en 1869 el concepto de jerarquía como proceso evolutivo. Esto se refiere al cerebro como órgano con muchos niveles de control organizados en distintos escalafones según su importancia. Por otra parte, en paralelo con lo ya mencionado, durante las décadas de 1880 y 1890, el trabajo de Sigmund Freud evolucionó del método anátomo-clínico (después de los estudios histológicos experimentales) a la neurología teórica (histeria y modelos de afasia) y a la psicología, proceso que dio origen al nacimiento del psicoanálisis.

Asimismo, poco después del hallazgo de Broca, los fisiólogos Gustav Fritsch y Eduard Hitzig revelaron una especialización de función en la corteza cerebral. Al estudiar el cerebro expuesto de un perro, descubrieron que la estimulación de una región específica de la corteza daba como resultado un movimiento de las extremidades contralaterales. Así habrían descubierto que no solo las funciones superiores como el leguaje estaban representadas en la corteza cerebral, sino también conductas menos complejas como los movimientos simples. El área de la corteza dedicada a los movimientos fue llamada *corteza motora*. Este descubrimiento llevó a los neuroanatomistas a intentar analizar más en detalle las características de la corteza cerebral y su organización celular. Como las diferentes regiones realizaban diferentes funciones, se deducía que debían verse de manera diferente a nivel celular.

Después de esto, la gran revolución en el entendimiento del sistema nervioso ocurrió en Italia y España. Camilo Golgi, un científico italiano, desarrolló la técnica llamada *tinción argéntica*, en la que impregnaba a las células nerviosas con plata y permitía una completa visualización de las neuronas individuales. Al utilizar el método de Golgi, Santiago Ramón y Cajal, un médico español, encontró, contrariamente a la visión de Golgi, que las neuronas eran entidades separadas. El principal resultado de las investigaciones de Cajal fue la identificación de la individualidad de la célula nerviosa, la neurona, teoría que expuso en su obra fundamental *Textura del sistema nervioso del hombre y de los vertebrados*, publicado entre 1899 y 1904. Por décadas, otros neurólogos realizaron nuevos aportes a las neurociencias cognitivas. Por ejemplo, Constantin von Manakow presentó el concepto de *diasquisis*, la idea de que cierto daño en una parte del cerebro podía crear problemas en otra parte.

Sin embargo, quien es considerado el padre de la neuropsicología actual es el psicólogo y médico ruso Alexander Romanovich Luria, quien perfeccionó diversas técnicas para estudiar el comportamiento de personas con lesiones del sistema nervioso, y completó una batería de pruebas psicológicas diseñadas para establecer las afecciones en los procesos psicológicos: atención, memoria, lenguaje, funciones ejecutivas, entre otros.

Aunque, como fue dicho, se ha aprendido mucho desde el estudio de casos individuales, un gran aporte a las neurociencias cognitivas ha sido el desarrollo de los estudios de grupo que se iniciaron a fines de la década de 1940. Los estudios grupales permitieron la formación de *grupos control* para facilitar la revelación de datos sobre los deterioros asociados a una lesión particular. El uso de la estadística permitió definir cuantitativamente los deterioros y, en consecuencia, posibilitó sensibilizar las pruebas para detectar la presencia de un daño. Mientras los médicos estudiaban el funcionamiento del cerebro, los psicólogos comenzaron a investigar cómo medir la conducta para estudiar la mente humana.

En 1970, George A. Miller, profesor emérito de la Universidad de Princeton en Estados Unidos, y unos eminentes colegas acuñaron el término *neurociencias cognitivas*. La década de 1990 fue declarada en el Congreso Nacional de ese país como la Década del Cerebro. Esto se debió, por supuesto, a los grandes y sorprendentes avances en la tecnología para estudiar las neurociencias y en el entendimiento de las funciones cerebrales. Pero esto ya es parte de nuestra historia.

Las herramientas para la investigación

Las fronteras de los descubrimientos científicos son definidas por las herramientas disponibles para la observación así como por las innovaciones conceptuales. La emergencia de las neurociencias en las últimas décadas ha sido alimentada por avances en la genética y en nuevos métodos científicos, algunos de los cuales utilizan herramientas de alta tecnología que no estaban disponibles para los científicos de generaciones anteriores. Por ejemplo, actualmente las lesiones cerebrales pueden ser localizadas con gran precisión a partir de métodos modernos de neuroimágenes.

La tomografía por emisión de positrones (PET) y la resonancia magnética funcional (RMNf) permiten observar la actividad cerebral *in vivo*. Computadoras de alta velocidad ayudan a los investigadores a construir modelos elaborados para simular composiciones de conexiones y procesos. Una tecnología cada vez más sofisticada permite observar elementos neurales que antes no se podían ver.

Sin embargo, el poder de estas herramientas está acotado al tipo de problema que uno elige investigar. La teoría dominante en cualquier momento histórico ha sido, es y será aquella definida por los paradigmas de investigación y la forma que adoptan las preguntas a explorar. Ante preguntas mal formuladas, incluso la herramienta más compleja y supuestamente eficaz, puede no proporcionar una respuesta correcta.

La fuerza real de las neurociencias está dada, como referiremos en repetidas ocasiones, por su naturaleza interdisciplinaria que le permite integrar paradigmas diversos y por la convergencia de diferentes métodos de investigación.

*

En cuanto hubo salido de la habitación, Lord Henry cerró sus párpados y se puso a reflexionar. Realmente, poca gente le había interesado tanto como Dorian Gray; y, con todo, la frenética adoración del muchacho por otra persona no provocaba en él una sensación de molestia, ni el más leve arrebato de celos. Antes bien, le satisfacía. Esto hacía de él

un objeto de estudio más interesante. Siempre se había senti-
do atraído por los métodos de las ciencias naturales, aunque
los fines de estas ciencias, por otra parte, le habían parecido
triviales e intrascendentes. Y así había comenzado por hacer
su propia vivisección para acabar haciendo la de los demás.
La vida humana era lo único que le parecía digno de ser
investigado. En comparación con ella, todo lo demás carecía
de valor. Era cierto que al examinar la vida en su extraño
crisol de dolor y de goces, no podía uno ponerse la mascarilla
de cristal del químico, ni evitar que los vapores sulfurosos
turbaran el cerebro y enturbiasen la imaginación con mons-
truosas fantasías y sueños deformes. Había venenos tan su-
tiles, que sus propiedades no se podían conocer a menos que
uno los experimentara en su propio cuerpo. Había enfer-
medades tan extrañas que había que padecerlas si se quería
comprender su naturaleza. Y, sin embargo, ¡qué grandioso
premio el que se recibía! ¡Qué maravilloso se presentaba el
mundo entero ante nuestros ojos! Observar la lógica extraña
y rigurosa de las pasiones y la vida emocional de una inte-
ligencia llena de matices; advertir dónde se encuentran y
dónde se separan, en qué punto corren al unísono y en cuál
marchan desacordes... ¡qué placer se halla en todo eso! No
hay precio demasiado alto si se trata de pagar una sensación.

De *El retrato de Dorian Gray*
OSCAR WILDE
(Dublín, 1854-París, 1900)

*

Preguntas y respuestas sobre algunos mitos y ciertas verdades acerca del cerebro

¿Qué tanto y qué tan poco se sabe del cerebro?

Definitivamente la gran cantidad de investigaciones que se han llevado a cabo en el campo de las neurociencias en las últimas décadas han generado muchísimas respuestas a temas centrales para la comprensión del funcionamiento del cerebro. Pero fueron justamente a partir de dichas respuestas que han surgido –y surgen día a día– una cantidad inconmensurable de preguntas esenciales que aún quedan por responder. Aunque sabemos mucho de procesos específicos, como dijimos unas páginas atrás, todavía no hay una teoría general del cerebro que explique su funcionamiento general ni sabemos cómo las neuronas y sus conexiones dan lugar a ese proceso íntimo, personal, subjetivo que es propio de cada uno de nosotros al experimentar o vivir una situación dada.

¿Es cierto que las computadoras podrían imitar el cerebro humano?

El cerebro tiene una capacidad plástica para remodelar sus circuitos que aún la tecnología no ha logrado igualar. Muchos modelos de inteligencia artificial computarizados están en desarrollo para intentar imitar la forma en que la información se adquiere, pero la complejidad del

cerebro –y su plasticidad– excede la comparación con
una computadora. Será muy difícil crear una simulación
parecida a la del cerebro humano por su capacidad única
de adaptarse a un contexto en cambio permanente. Por
ejemplo, con los últimos avances de la tecnología y luego
de años de trabajo se puede desarrollar un *robot autónomo* que patee una pelota. Pero si el objetivo es que ese robot haga otro movimiento preciso se necesitará otra gran
inversión de tiempo y recursos para lograr ese nuevo acto
motor. Uno ni siquiera puede imaginar cuánto tiempo se
necesitaría para que un robot imitara los movimientos, la
inventiva y la capacidad de adaptación del segundo gol
de Maradona a los ingleses en el Mundial de Futbol de
1986.

*¿Es real la frase que afirma que "solo usamos un 10% del
cerebro"?*

Es falso. De ser así, al remover el 90% del cerebro no
deberíamos observar cambios. Lo que sí es cierto es que
la plasticidad de las conexiones nerviosas seguramente
tiene un gran potencial que aún no sabemos –o no podemos– aprovechar.

*¿Cuánta energía consume el cerebro por día? ¿Es equi-
valente al consumo de calorías del ejercicio físico? ¿Por
qué la actividad mental utiliza menos energía para su
funcionamiento?*

Parece haber un acuerdo en la literatura científica hasta hoy que indica que el cerebro es responsable de aproximadamente el 20% de las calorías que gasta nuestro cuerpo en un día. Por lo tanto, si una persona consume 2 500 calorías, unas 500 serán utilizadas para suplir los procesos del tejido nervioso. Esto es claramente distinto al gasto que traería realizar actividad física 24 horas sin cesar. Claro está: el tejido muscular y el tejido nervioso tienen distintos requerimientos energéticos para realizar sus funciones.

¿Es cierto que las neuronas no se renuevan cuando somos adultos?

Cada día es más convincente la evidencia de que existen ciertas regiones del cerebro en las que el desarrollo neuronal ocurre en la vida adulta. Este fue uno de los temas más controversiales en el campo de las neurociencias y, como tal, aún merece mucha dedicación para aprovechar el potencial beneficio de la posible regeneración neuronal.

¿Somos cada vez más inteligentes?

Hay un fenómeno muy interesante denominado el Efecto Flynn que muestra que cada generación obtiene puntajes más altos en pruebas de inteligencia que su generación anterior. Muchas hipótesis se han planteado para intentar explicar este fenómeno. La hipótesis multifactorial pareciera ser la más acertada sobre esto, en la que se postula que cambios como las mejoras en la nutrición y la mayor complejidad ambiental podrían explicar este aumento.

¿El dolor nace en el cerebro? ¿Puede controlarse?

El dolor como concepto siempre ha producido una interesante discusión por la gran cantidad de disciplinas que lo han abordado, tales como la filosofía, la biología y la psicología. Lo cierto es que podemos hablar de una sensación de dolor que es el resultado de receptores especializados en nuestro cuerpo que envían la información al cerebro a través de la médula espinal, para que este lo procese y reaccione de manera apropiada. De la misma manera, podemos reconocer ciertas áreas del cerebro que procesan el dolor, o que están involucradas en la percepción del dolor. Por ejemplo, existen ciertas patologías en las que hay un umbral mucho más elevado para experimentar el dolor (la llamada *hipoalgesia*). Es cierto, entonces, que el dolor puede disminuirse, del mismo modo que una persona puede sentir dolor ante la ausencia de estímulos dolorosos.

¿Es posible aprender mediante mensajes subliminales?

La psicología cognitiva aún está intentando descomponer las propiedades del procesamiento subliminal. Una de las razones por las que hoy no es convincente la idea de incorporar información de manera subliminal es que la velocidad con que se presentan los estímulos (en general, por debajo de los 40 milisegundos) no permitiría procesarlos de manera completa, sino como partes disgregadas que impedirían un almacenamiento correcto de la información.

Se dice que el sistema nervioso lleva a cabo tareas que nos pasan inadvertidas, ¿cuáles son?

El sistema nervioso está constantemente regulando el medio interno en función de los cambios que ocurran en el medio externo. Todos estos procesos, que incluyen procesos básicos como poder estar de pie sin caerse, involucran interacciones del sistema nervioso que no son evidentes (conscientes) para los individuos, pero que son indispensables para poder funcionar de manera normal.

¿El cerebro se gasta?

Existen ciertas patologías en las cuales, sea por carga genética o por cambios espontáneos, el cerebro comienza a degenerarse por muerte progresiva de neuronas. Al depender de la región del cerebro en la cual predomina dicha degeneración, el individuo puede presentar diferentes alteraciones en la conducta, en la parte motora o sensorial y en la forma en que procesa la información proveniente del mundo que lo rodea (procesos cognitivos).

¿Las neuronas mueren fatalmente o hay manera de fortalecerlas?

Las neuronas pueden morir por procesos degenerativos o por toxicidad. Hoy sabemos que hay formas de fortalecer las conexiones que se establecen entre las neuronas. En estudios básicos hechos en roedores, por ejemplo, se comparó el cerebro de aquellos que fueron criados en ambientes simples con el cerebro de aquellos que fueron criados en ambientes enriquecidos con una gran cantidad de estímulos. El resultado de dicho estudio reveló que había una mayor cantidad y complejidad de conexiones entre neuronas en estos últimos. A partir de modelos tan básicos, hemos aprendido que la estimulación (tanto social como intelectual) genera redes más complejas que pueden retrasar y contrarrestar los efectos de la degeneración neuronal.

La evolución de nuestro cerebro

Existen ciertos rasgos de nuestra anatomía y de nuestra fisiología que son propios de nuestra especie. De esos rasgos diferenciados, dos de los más llamativos son nuestro gran cerebro y ciertos comportamientos que a partir de él se originan.

Nuestra conducta resulta sorprendentemente distintiva al compararnos con las demás especies que habitan actualmente nuestro planeta. A grandes rasgos, parece evidente que poseemos una capacidad de razonar mucho más desarrollada, que ha permitido que surgieran un gran número de avances tecnológicos que empezaron hace muchos miles de años con la fabricación de herramientas. También es notable que seamos la única especie del planeta que tiene arte, incluyendo aquí una amplia gama de manifestaciones como la poesía, el dibujo y la escultura, entre otras. Más aún, somos la única especie con sentimientos religiosos. La especie humana es la única que cultiva, cocina, mira a las estrellas, manda máquinas a esas estrellas, elabora estudios astronómicos y viaja en persona a la luna, predice acontecimientos con meses e incluso años o siglos de antelación y es, a su vez, la única capaz de contaminar la Tierra, el lugar donde habita, hasta extremos increíbles. La especie humana es también la única capaz de hablar, de escribir, de leer, de plantearse preguntas y de intentar dar respuesta a esas preguntas.

Cuando le presentamos a la biología estos interrogantes acerca de nosotros mismos, acerca de cuál es la razón de nuestro singular comportamiento, la respuesta parece ser que somos humanos porque ha habido un aumento del volumen de nuestro cerebro, con el consiguiente aumento en el número de neuronas y de sus conexiones. Así, entre los especímenes del *Australopitecus africanus*, posibles predecesores inmediatos de nuestro género, se han encontrado ejemplares de hasta 515 cm^3 de volumen de su cerebro. Los primeros miembros de nuestro género, el *Homo*, tenían un promedio de volumen cerebral de 700 cm^3. Un millón y medio de años atrás los cerebros del *Homo erectus* pesaban casi 1 000 gramos. El tamaño del cerebro continuó creciendo sin un correspondiente incremento en el tamaño corporal hasta la aparición de los primeros *Homo sapiens*, quizás unos 400 000 años atrás. Los cerebros de estos últimos habrían sido tan grandes como los nuestros: 1 330 gramos en promedio.

Este aumento de tamaño tuvo consecuencias sensibles sobre el nacimiento y la infancia humana. El cuerpo de la madre comenzó a resultar incapaz de sostener ese nivel de crecimiento fetal. Como resultado de esto, las crías humanas nacen neurológicamente inmaduras y deben completar su desarrollo después de nacer. Los cuidados parentales aumentados para compensar la indefensión de las crías pueden haber sido muy importantes para la evolución del comportamiento social humano.

Sin embargo, y esto es fundamental, el incremento del tamaño del cerebro no es suficiente para explicar las habilidades mentales de nuestra especie. El tamaño no puede ser tan importante como su reorganización sistemática respecto de otros organismos, la elaboración o reducción de estructuras, o cambios en la proporción de conexiones existentes. Un ejemplo de reorganización es el lenguaje humano. Nuestro lenguaje no podría haber sido el resultado de la adición de nuevas estructuras ya que, como veremos al final de este capítulo, está controlado no por una única área cerebral, sino por una red de regiones corticales interdependientes, cada una de las cuales colabora en una función particular. La evolución ha *reclutado* estructuras que cumplen otras funciones en primates-no humanos, y las ha modificado para adaptarse a requisitos funcionales diferentes y mucho más exigentes como el lenguaje.

No existe una respuesta definitiva acerca de por qué se produjeron estos cambios anatómicos y funcionales. Sin embargo, la clave para aproximarse a esta problemática es pensarlo en función de la supervivencia y la selección natural. Para nuestros ancestros, del mismo modo que para los animales, poder tener un control de sus sistemas de percepción (es decir, contar con una buena visión o audición para percibir la presencia de un predador) y de su sistema motor (para huir o luchar ante una posible amenaza) implicaba contar con los recursos necesarios para sobrevivir en determinado medio ambiente. La alimentación, la reproducción y evitar amenazas son los objetivos fundamentales de cualquier ser vivo y, para ello, es fundamental contar con habilidades que permitan asimilar la información del medio ambiente y actuar en consecuencia. Así, por ejemplo, ante los cambios climáticos que hicieron que menguaran las junglas y abundaran las praderas, adoptar la posición bípeda trajo como ventaja el poder advertir la presencia de predadores con mayor facilidad, evitar la excesiva exposición al sol y aprovechar al máximo la energía al no tener que utilizar las cuatro extremidades para caminar. Ante un ambiente en constante cambio, cada vez más complejo y con un número de amenazas creciente, se volvió esencial para sobrevivir contar con un conjunto de conductas que permitieran cumplir con los objetivos de alimentación y reproducción. De este modo, el aumento del tamaño del cerebro y su reorganización funcional podrían haber hecho posible la cooperación social de los seres humanos para la búsqueda de plantas y la caza, así como su capacidad para fabricar herramientas y armas de mayor complejidad.

Pero ¿cómo es que del valor evolutivo que tuvo para nuestros ancestros contar con destrezas físicas para cazar, llegamos a una actualidad en la cual podemos leer las noticias por Internet, mientras mandamos un mensaje de texto y escuchamos música? Nuestro cerebro no ha cambiado en cientos de años y, sin embargo, somos capaces de resolver problemas actuales que no existían ni siquiera hace un siglo. ¿Cómo es posible que la selección natural sea la responsable de las habilidades que tenemos hoy en día? Y la respuesta es que la selección natural puede generar nuevas habilidades que no tengan relación con aquellas destrezas desarrolladas y seleccionadas originalmente por la evolución. En otras palabras, muchas de nuestras actuales capacidades son un efecto secundario accidental del proceso evolutivo. Un buen ejemplo de esta clase de fenómenos lo constituye una computadora personal con diversos *software*, por ejemplo, en una institución bancaria que solo cumple funciones ligadas a cálculos financieros. Sin embargo, esa misma computadora, si se la trasladase a un hogar o a una escuela, podría ser usada también para procesar información, para comunicarse, aprender, jugar, etc. Como ampliaremos en un apartado específico, estas nuevas habilidades que desarrollamos día a día, nos muestran otra característica fundamental de nuestros cerebros: su plasticidad. El cerebro, como resultado de la experiencia, posee la habilidad de modificarse a sí mismo y consolidar así una nueva memoria o aprendizaje.

Más allá de que nunca se pueda saber con certeza la serie de eventos que llevaron al estado actual de nuestro cerebro, el hecho de que organismos que conviven con nosotros tengan sistemas nerviosos de los más simples a los más complejos, es una fuerte evidencia de que el cerebro evolucionó a través de nuestros ancestros perdidos desde estados más simples a otros más complejos. Y, de alguna manera, como parte de este proceso evolutivo, se produjo el más importante y misterioso de todos los fenómenos naturales: la conciencia humana.

*

Excelentísimos señores académicos:

Me hacen el honor de presentar a la Academia un informe sobre mi anterior vida de mono. Lamento no poder complacerlos; hace ya cinco años que he abandonado la vida simiesca. Este corto tiempo cronológico es muy largo cuando se lo ha atravesado galopando —a veces junto a gente importante— entre aplausos, consejos y música de orquesta; pero en realidad solo, pues toda esta farsa quedaba —para guardar las apariencias— del otro lado de la barrera.

Si me hubiera aferrado obstinadamente a mis orígenes, a mis evocaciones de juventud, me hubiera sido imposible cumplir lo que he cumplido. La norma suprema que me impuse consistió justamente en negarme a mí mismo toda terquedad. Yo, mono libre, acepté ese yugo; pero de esta manera los recuerdos se fueron borrando cada vez más. Si bien, de haberlo permitido los hombres, yo hubiera podido retornar libremente, al principio, por la puerta total que el cielo forma sobre la tierra, esta se fue angostando cada vez más, a medida que mi evolución se activaba como a fustazos: más recluido, y mejor me sentía en el mundo de los hombres: la tempestad, que viniendo de mi pasado soplaba tras de mí, ha ido amainando: hoy es tan solo una corriente de aire que refrigera mis talones. Y el lejano orificio a través del cual esta me llega, y por el cual llegué yo un día, se ha reducido tanto que –de tener fuerza y voluntad suficientes para volver corriendo hasta él– tendría que despellejarme vivo si quisiera atravesarlo. Hablando con sinceridad –por más que me guste hablar de estas cosas en sentido metafórico–, hablando con sinceridad les digo: la simiedad de ustedes, estimados señores, en tanto que tuvieran algo similar en vuestro pasado, no podría estar más alejada de ustedes mismos que lo que la mía está de mí. Sin embargo, le cosquillea los talones a todo aquel que pisa sobre la tierra, tanto al pequeño chimpancé como al gran Aquiles.

De *Informe para una Academia*
Franz Kafka
(Praga, 1883-Kierling, 1924)

*

Primeras aproximaciones al lóbulo frontal

Nuestros genes se corresponden en un gran porcentaje con el de los primates y, sin embargo, los seres humanos tenemos un nivel de organización social incomparablemente más complejo.

Algo ya nos hemos preguntado sobre el desarrollo evolutivo de nuestro cerebro, pero conviene ahondar aún más en eso. Charles Darwin, en su libro famoso sobre la evolución de las especies, aborda este problema al comparar la complejidad de las emociones, la capacidad mental, la inteligencia y los instintos del hombre y otros animales. Darwin trataba de demostrar que los caracteres del ser humano provenían, en gran medida, de sus ancestros, y que estos cambios se dieron de manera gradual a lo largo de su historia evolutiva.

La evolución del cerebro se ha estudiado por mucho tiempo en función únicamente de los cambios del tamaño del cráneo en los homínidos, es decir, de la línea evolutiva que dio lugar al ser humano. Sin embargo, como se ha dicho, los hallazgos sobre el tamaño del cráneo no son contundentes: un mayor tamaño cerebral no implica necesariamente capacidades más desarrolladas. Lo más relevante para la transformación del funcionamiento del cerebro estaría, más bien, en la complejidad dada por las conexiones que se establecen entre las distintas partes que constituyen el sistema nervioso.

El aumento en el tamaño cerebral que se observó en nuestra especie se produjo a expensas del desarrollo de la corteza cerebral. En el hombre moderno, la corteza cerebral y sus conexiones ocupan 80% del volumen cerebral. Y ello no es casual: la corteza aloja las funciones más complejas de nuestro cerebro. Pero una porción de esa corteza evidenció un crecimiento abrupto en los seres humanos: la porción más anterior del lóbulo frontal o corteza prefrontal. Se trata de la región de nuestro cerebro que, como desarrollaremos en otras partes de este libro, nos hace humanos, pues regula funciones distintivas de nuestra especie: nuestra capacidad para desarrollar un plan y ejecutarlo, para tener un pensamiento abstracto, para llevar a cabo razonamientos lógicos, inductivos y deductivos, para tomar decisiones, para inferir los sentimientos y pensamientos de los otros, para inhibir impulsos y para tantas otras funciones que nos vuelven hábiles para vivir en sociedad.

Investigadores de la Universidad de Missouri, en Estados Unidos, estudiaron el motivo de este aumento desmesurado de la corteza prefrontal, en comparación con el de otras especies, y sugieren que existe un factor clave para que esto se haya producido: un proceso de *presión demográfica*. Los investigadores afirman que, a medida que aumentaba el número de personas en la sociedad y sus interacciones, mayor era el tamaño de nuestro cerebro.

Otros investigadores postulan que el desarrollo de la capacidad de manipular a los demás (o el *engaño táctico*) fue importante para la evolución de nuestro cerebro. Especies que viven aisladas, tales como los erizos, tienen cerebros pequeños; especies que viven en grupos pequeños, como algunos monos, tienen cerebros de mayor tamaño; pero los seres humanos, que vivimos en comunidades amplias con organizaciones políticas y sociodemográficas complejas, tenemos un cerebro de gran tamaño en relación con nuestro peso corporal. Esto probablemente se deba a que la socialización demanda una cantidad de funciones cognitivas que requieren, a su vez, grandes redes cerebrales. Además, los humanos tenemos la capacidad de metacognición, es decir, la capacidad para monitorear y controlar nuestra propia mente y conducta. Esta última función nos ha permitido dar un paso gigantesco en términos evolutivos: hemos logrado volvernos la especie que se propone estudiarse a sí misma (este libro –ojalá que sea así– es un botón de muestra de todo ese camino recorrido).

De hemisferios y hemisferios

Diferentes partes del cerebro se activan en conjunto al formar redes neuronales que intervienen en una función determinada (por ejemplo, la atención). Dichas redes neuronales se distribuyen en el cerebro de manera tal que una mitad del mismo se especializa en determinadas funciones y la otra mitad en otras diferentes. Se conoce, entonces, que el hemisferio izquierdo del cerebro se especializa en el lenguaje y en el pensamiento lógico, mientras que el hemisferio derecho es experto en la percepción visual, en el procesamiento espacial, en el arte, la creatividad y en el procesamiento holístico de la información.

Queda claro, entonces, que las funciones no están distribuidas uniformemente en el cerebro y que existe una especialización hemisférica, que cada mitad del cerebro es *experta* en algunas funciones y tiene su propio y delimitado papel en la cognición. Asimismo, estos dos hemisferios están en constante comunicación a través del haz de fibras nerviosas más extenso del cerebro humano: el cuerpo calloso que es el encargado de transmitir continuamente la información de un hemisferio al otro. En consecuencia, no poseemos de ninguna manera dos cerebros, uno izquierdo y otro derecho, sino que tenemos un solo cerebro dividido en dos hemisferios en constante interacción. Dicho en otras palabras más precisas: tenemos un cerebro que se caracteriza por la especialización hemisférica complementaria.

Hasta aquí podemos afirmar que nuestro cerebro no es una estructura monolítica, sino que está compuesta por distintas redes neuronales encargadas de llevar a cabo diversas funciones de manera independiente. Sin embargo, aunque nuestro cerebro funcione en base a distintos circuitos neuronales, los seres humanos no sentimos como si tuviéramos un millón de pequeños robots realizando cada uno su propia actividad de manera independiente sino que, por el contrario, nos sabemos como uno solo con pareceres y acciones complementarias. ¿Cómo puede ser, entonces, que tengamos una mente unificada si nuestro cerebro es especializado? ¿Qué nos da esa sensación de unidad? ¿Qué convierte a esos millones de *robots* en una *gran fábrica* que funciona de manera unificada y armónica?

A partir del estudio de pacientes con hemisferios quirúrgicamente separados con el objetivo de controlar y evitar crisis epilépticas severas, el neurocientífico estadounidense Michael Gazzaniga encontró una respuesta para esta pregunta. Su estudio consistió en mostrarle a dicho paciente *una palabra que llegaba a procesarse en cada hemisferio*. Cuando se le presentó una palabra en el campo visual correspondiente al hemisferio izquierdo, fácilmente pudo repetirla. Sin embargo, cuando se presentó la palabra *camina* al hemisferio derecho, el paciente se levantó y comenzó a caminar. Enseguida se le preguntó qué había visto y no pudo contestarlo. Cuando se le interrogó por qué estaba caminando, respondió: "Quería buscar una cocacola". Esto muestra cómo el hemisferio izquierdo (donde se encuentra el lenguaje) inventó rápidamente una razón para explicar un evento externo.

Como consecuencia de varios experimentos como el que se acaba de describir, algunos investigadores sugieren que existe un área del cerebro que se encarga de monitorear todas las conductas de las distintas redes neuronales y de interpretar cada acción individual para lograr armar una idea unificada de sí mismo. Dicha área se encontraría en el hemisferio izquierdo y fue llamada, justamente, *el intérprete*. Se desconoce aún en qué parte del hemis-

ferio izquierdo se encuentra, pero lo que sí se sabe es
lo que hace: *el intérprete* crea historias y creencias para
explicar eventos internos y externos y darle a la persona
un sentido de unidad. A lo largo de cada día de nuestras
vidas, el hemisferio izquierdo toma la información que
tiene (percepciones, memorias, acciones y la relación entre ellas) e inventa un *relato* coherente para nuestra conciencia, armando así una narrativa personal. Es decir que
nuestra narrativa personal está basada tanto en memorias
verdaderas como en aquellas *memorias falsas*, que son el
resultado de la interpretación del hemisferio izquierdo
sobre los datos que le llegan. De esta manera, poseemos
una experiencia consciente de ser *uno*, de percibirnos y
sentirnos como un *yo*, como esas consignas de escritura
que nos permitieron aprobar lengua en la escuela: una
composición con *coherencia y cohesión*.

Algo más sobre hemisferios

Aquellos famosos detectives de la literatura policial
clásica solían presumir de su habilidad para desarrollar
las pesquisas a partir de la eficaz combinación de observaciones generales y de un análisis minucioso de las potenciales pruebas del caso. Auguste Dupin y Sherlock
Holmes, por ejemplo, podían ver cada árbol y, a su vez,
el bosque, sin que uno tapara al otro.

¿Y esto qué tiene que ver con los hemisferios del cerebro? Como hemos esbozado y repetido, un aspecto cru-

cial de la organización del cerebro está dado por el hecho de que nuestro cerebro tiene dos hemisferios, uno izquierdo y uno derecho. Y con dicha identificación queda de manifiesto un interrogante que motivaría cientos de estudios en el campo de las neurociencias: ¿tiene cada hemisferio una función diferente? Sí, como ya hemos visto también. ¿Existen otras diferencias probadas? Décadas de investigación en pacientes con lesiones cerebrales, en sujetos sanos estudiados con resonancia magnética funcional y electroencefalografía e incluso en modelos de animales experimentales han permitido obtener algunas respuestas para explicar otras diferencias (y similitudes) entre ambos hemisferios.

Otros de los estudios esclarecedores que sobre este tema realizó Michael Gazzaniga contribuyeron a demostrar que el hemisferio izquierdo posee mayor capacidad de procesar la información en forma secuencial, mientras que el hemisferio derecho aborda la información de manera más holística y en paralelo. Esta diferencia resultó crucial para entender por qué es que algunas funciones se asocian más fuertemente a un hemisferio que otro.

Tomemos por ejemplo el lenguaje o el razonamiento matemático: debemos ir reconociendo cada componente de una oración, o de una ecuación, y analizarlos en forma serial para que cobren sentido; por eso el hemisferio izquierdo está fuertemente involucrado en estas funciones. Por otro lado, cuando pensamos en la forma en que percibimos el mundo que nos rodea, debemos hacer apreciaciones más globales, encontrar similitudes

y diferencias, procesar información a gran escala, y allí el
hemisferio derecho toma el papel protagónico.

Como fue dicho, nuestro cerebro funciona como una
verdadera red donde las distintas estructuras se inter-
conectan ampliamente para permitirnos realizar todas
nuestras acciones y albergar todos nuestros pensamientos. Que cada hemisferio se haya especializado en procesar la información de manera diferente es un beneficio
que nos ha dado la evolución para poder estar a la altura
del mundo complejo en que vivimos, que muchas veces
demanda un procesamiento más lineal y secuencial, a
cargo del hemisferio izquierdo, y otras un procesamiento
más holístico y global, a cargo del hemisferio derecho.

Pero la gran mayoría de los estímulos demandan de
ambos tipos de proceso, aunque en distintos grados, activando así nuestros dos hemisferios de manera conjunta.
¿Cómo, si no, Holmes hubiera podido descifrar el enigma de los Baskerville o Dupin hallado la carta robada?

Zurdos y diestros

Aproximadamente 10% de las personas son zurdas.
Aunque existen varias hipótesis que intentan explicar
esta proporción dispar, en realidad aún hoy no se sabe
con certeza por qué una persona es zurda o diestra. La
lateralidad manual, es decir, la preferencia para el uso
de una mano sobre la otra, se debería en gran parte a la
genética y parcialmente al medio ambiente. Esto se evi-

dencia en que, por ejemplo, en familias en las que ambos padres son zurdos, las posibilidades de tener un hijo con igual lateralidad se ven incrementadas.

Nuestro cerebro es asimétrico. Esta morfología cerebral también es consecuencia de procesos evolutivos que se dieron, entre otras razones, a partir de la especialización del lenguaje y las destrezas motoras finas. El hemisferio derecho se encarga de controlar los movimientos del lado izquierdo del cuerpo y el hemisferio izquierdo los del lado derecho. Así, cada hemisferio controla el cuerpo en forma cruzada. En lo que respecta al lenguaje, el hemisferio izquierdo es el responsable en personas diestras; prueba de ello es que las lesiones de dicho hemisferio están relacionadas con la pérdida del habla (afasia). Este hemisferio también es dominante para la escritura y la lectura en los diestros. En los zurdos, estas funciones estarían más repartidas entre ambos lados.

Como se ve, la lateralidad no es una cosa simple. Diferentes investigaciones han mostrado que la lateralización está asociada a factores genéticos, hormonales, de desarrollo e, incluso, culturales. Hay una tendencia a etiquetar a los zurdos como personas con mayor talento que los diestros en algunas actividades (como, por ejemplo, las artes y los deportes). Comúnmente, para ratificar esto, se señalan ejemplos de muchas personas talentosas en la historia que eran zurdas. Pero hay que ser cautos y no querer llegar a conclusiones simplificadoras. La sugerencia de que los zurdos son *especiales* (léase, más creativos, habilidosos o, simplemente, diferentes) tiene una parte de datos factuales y otra de mito. Claro que la lateralidad cerebral es compleja y el comportamiento humano no puede explicarse solamente por estas cualidades. Si no, debería existir un 10% de la población en el mundo que fuesen Leonardo, Mozart, Einstein o Messi y está visto que, para ser cualquiera de ellos, se necesita algo más que preferir un lado sobre el otro.

*

Estaban tras de una puerta unos hombres, muchos en cantidad, quejándose de que no hiciesen caso dellos aun para atormentarlos, y estábales diciendo un diablo que eran todos tan diablos como ellos, que atormentasen a otros.
—¿Quién son? —le pregunté.
Y dijo el diablo:
—Hablando con perdón, los zurdos, gente que no puede hacer cosa a derechas, quejándose de que no están con los otros condenados; y acá dudamos si son hombres o otra cosa, que en el mundo ellos no sirven sino de enfados y de mal agüero, pues si uno va en negocios y topa zurdos se vuelve como si topara un cuervo o oyera una lechuza. Y habéis de saber que cuando Scévola se quemó el brazo derecho porque erró a Porsena, que fue no por quemarle y quedar manco, sino queriendo hacer en sí un gran castigo, dijo: "¿Así que erré el golpe? Pues en pena he de quedar zurdo". Y cuando la Justicia manda cortar a uno la mano derecha por una resistencia, es la pena hacerle zurdo, no el golpe; y no queráis

más que queriendo el otro echar una maldición muy grande, fea y afrentosa, dijo:

Lanzada de moro izquierdo
te atraviese el corazón

y en el día del Juicio todos los condenados, en señal de serlo, estarán a la mano izquierda. Al fin, es gente hecha al revés y que se duda si son gente.

De *Sueño del infierno*
FRANCISCO DE QUEVEDO
(Madrid, 1580-Ciudad Real, 1645)

*

El arte de la atención

A propósito del célebre detective inglés, así regañaba a su amigo y asistente, el Dr. Watson: "Su problema es que usted mira pero no observa". Sherlock Holmes se refería así al hecho de que no siempre prestamos atención a lo que es obvio, aunque eso esté frente a nuestros ojos.

Lo que sucede como más probable en tales situaciones es que, en realidad, no lo *observamos* porque estamos interesados en otra cosa. Esto es el resultado de que nuestros recursos atencionales estén dirigidos hacia algo específico en un momento dado. Tanto es así, que solo percibimos conscientemente aquello que está en nuestro foco de atención.

La complejidad de estos procesos y la forma en que nuestro cerebro es capaz de focalizarse en porciones específicas del mundo que nos rodea han atraído por décadas la curiosidad de los neurocientíficos, principalmente porque la atención es necesaria para la gran mayoría de nuestras funciones. Justamente porque la atención está embebida permanentemente en nuestras acciones y funciones cerebrales es que no podemos entender la atención como un único proceso.

Hoy reconocemos que existen distintos tipos de atención que dependen de una compleja red cerebral que incluye regiones de los lóbulos frontales y parietales, entre otras. Por ejemplo, si estamos conversando con alguien en una fiesta con mucho ruido de fondo debemos poner en marcha una atención selectiva, a fin de poder filtrar los sonidos irrelevantes y atender solamente a aquello que nos interesa. En otros casos, debemos concentrarnos en una misma tarea por un período prolongado, activando así los circuitos de la atención sostenida. Otras veces necesitamos poder focalizarnos en más de un estímulo a la vez, y es allí que la atención dividida nos permite alterar el foco entre distintos estímulos. Tan rápido es este cambio, que muchas veces pasa inadvertido y nos da la sensación de que estuviéramos haciendo más de una cosa a la vez. Sin embargo, la mayoría de los estudios demuestran que esta capacidad, conocida habitualmente como *multitasking*, es en realidad una simulación: la forma con la que nuestro cerebro alterna el foco de atención entre un estímulo y otro es tan veloz que pareciera estar atendiendo literalmente a más de un estímulo a la vez. A propósito de esto, gran parte de la investigación en neurociencias de los próximos años seguramente estará dedicada a entender la forma en la cual la creciente cantidad de estímulos que recibimos impacta sobre nuestro cerebro.

Los problemas de atención pueden afectar otras funciones cognitivas. Por ejemplo, algunas personas sienten que su memoria está fallando y, sin embargo, puede ser que la dificultad esté dada por problemas en la atención que luego se traducen a una mayor dificultad en memorizar datos o eventos: ¿cómo podemos recordar aquello a lo que no le hemos prestado atención?

Cuando reflexionamos sobre la atención, se torna evidente que en nuestro día a día damos por sentado su trascendental papel ya que es lo que nos permite abrir la puerta para acceder al mundo que nos rodea. Un ejemplo paradigmático de esto es el caso de la heminegligencia, una condición que se da como resultado de una lesión en el cerebro generalmente en el lóbulo parietal derecho, y que lleva a que el paciente ignore la mitad izquierda del campo visual. Pero años de investigación con estos pacientes han demostrado que ignoran mucho más que la mitad del espacio: dejan de prestar atención a todo tipo de estímulo que se encuentre en la mitad ignorada (por ejemplo, los hombres se afeitan la mitad de la cara); más aún, al recordar un lugar que les es familiar, solo logran describir −e incluso representar− la mitad conservada de la imagen mental que generan de dicho recuerdo.

Es claro, entonces, que la atención es clave para cada una de nuestras acciones cotidianas y es una aliada inigualable de nuestras funciones mentales superiores. Es justamente por eso y por venir de quien viene que cuando Watson miraba sin observar, Holmes le llamaba la atención.

El fenómeno de la percepción

El cerebro destina aproximadamente 25% de su actividad y más de treinta áreas distintas para la percepción visual. El cerebro visual no retrata la realidad como una máquina de fotos sino que le otorga un significado a las imágenes (tanto en forma consciente como no consciente). El ojo captura información incompleta del mundo externo a partir de una imagen que no es 100% fidedigna: retiene lo más importante y descarta los detalles más triviales. El cerebro es, en realidad, el órgano que le da sentido a esta información.

El proceso de percepción, no solo para la visión sino para todos los sentidos, se lleva a cabo de manera organizada y jerárquica: cada sistema pasa por distintas *estaciones* en el cerebro de donde se extraen diversos patrones de información imprescindibles para poder percibir el mundo que nos rodea y, a medida que esta pasa de una estación a la siguiente, se complejiza.

Todo comienza en el nivel de los receptores sensoriales. La retina se encuentra en la parte posterior del ojo y
contiene células especializadas denominadas *fotorrecep-
tores* que perciben variaciones en la luz y convierten la
energía óptica en energía eléctrica. La información con-
verge finalmente en el nervio óptico, que es el encargado
de enviarla, a través de varias áreas cerebrales, hacia la llamada *corteza visual primaria*, en el lóbulo occipital. En
esta parte del cerebro se complejiza más la información:
el procesamiento secuencial por distintas porciones de la
corteza visual extraerá datos sobre el movimiento, sobre
tonos del color, el brillo, sobre la existencia de ángulos
bruscos o redondeados, etc. Por ejemplo, algunas células responden a líneas en direcciones determinadas: las
que responden a las líneas verticales no se activan frente a
líneas en otras direcciones. Existen circuitos que nos dan
información del *dónde* (permiten así ubicar objetos en el
espacio) y otros sobre el *qué* (aportan datos sobre la forma
y características de los objetos para poder identificarlos).

La percepción de rostros, como veremos en el próximo apartado, es un caso particular, ya que existen estructuras cerebrales específicas dedicadas a este proceso más
allá de las áreas destinadas a la percepción visual en general. Toda esta especialización permite que obtengamos
detalles muy complejos del contexto.

La corteza visual también puede activarse en ausencia
de visión. Si uno cierra los ojos y piensa en una imagen,
esta responde en forma similar a cuando uno efectivamente la está percibiendo. Asimismo, diversos estudios

han demostrado que la corteza visual se activa cuando los ciegos leen con el sistema braille. Durante una alucinación (percepción de un estímulo que en realidad no existe), las áreas cerebrales funcionan como si hubiera un estímulo, y esto es lo que hace que parezcan tan reales y vívidas. Las ilusiones ópticas, es decir, la distorsión de nuestra percepción, muchas veces resultan de inferencias que hace nuestro cerebro para rellenar espacios de información que no logró extraer del mundo exterior.

Existen períodos críticos, principalmente hasta los 3 o 4 años, en los que se produce la mayor organización de las redes neuronales visuales. Antiguamente se creía que si uno no tenía estimulación visual antes de este período crítico, ya no podía recuperarse la capacidad visual. Hoy sabemos que la plasticidad cerebral permite compensar algunos déficits iniciales.

La actividad cerebral que crea una percepción del mundo visual al traducir patrones de luz y colores en objetos y eventos es, quizá, uno de los actos creativos más sofisticados. Por eso, más que del cristal, todo parece depender del cerebro que interpreta lo que se mira.

¿Quién eres?

Cuando se está en la sala de espera del aeropuerto y quien espera reconoce al que llega, lo ve caminar con sus maletas, lo saluda, se abrazan y se emocionan por el reencuentro, o cuando dos personas se cruzan azarosamente por la calle después de mucho tiempo y se paran unos instantes para hablar de lo transcurrido, o cuando una maestra llama la atención de un determinado alumno que está distraído sin hacer las tareas que le fueron encomendadas, lo que se ha producido es un fenómeno muy complejo y fascinante dentro del cerebro de todos estos protagonistas. Los rasgos faciales constituyen, a simple vista, lo más distintivo de una persona y quizás por eso conforman el *objeto visual* más difícil de reconocer.

Nuestro cerebro cuenta con una red cerebral especializada en el reconocimiento facial que permite detectar un rostro determinado en menos de 100 milisegundos (¡menos que un parpadeo!). Esta red, centrada en el área fusiforme del lóbulo temporal, se activa ante la presencia de un rostro y estaría implicada en la codificación estructural de la información facial (resulta curioso que esta activación se da también a partir de una amplia variedad de estímulos faciales tales como caras de dibujos animados o de gatos). Bebés de 1 a 3 días ya poseen una habilidad muy eficaz para reconocer una cara y discriminarla de otra. Incluso estos bebés pueden distinguir entre dos caras si se les recorta la parte del pelo y solo se les muestra la parte interna (aunque, otro dato curioso, les es imposible discriminar caras cuando están invertidas, algo que sí podemos hacer los adultos). Resulta probable, entonces, que dispongamos de un circuito o sistema neuronal de reconocimiento de caras parcialmente preestablecido al nacer, que espera la experiencia y el entorno para ser refinado. Esto da cuenta de que, aunque el cerebro trabaja en red, tiene regiones dedicadas a reconocer caras, cuerpos y lugares. Todavía no sabemos por qué contamos con regiones especializadas para algunas funciones cerebrales y no para otras. Por ejemplo, una vez que aprendemos a leer, existe un área específica que responde selectivamente a letras y palabras. Solo leemos desde hace unos pocos miles de años, por lo que no se piensa que esta área sea producto de la evolución natural. Algunos investigadores sugieren que, basados en nuestra experiencia, los humanos modulamos estas regiones que se involucran luego en otros procesos, por ejemplo la ortografía del lenguaje escrito. Asimismo, pareciera que estas regiones son extremadamente plásticas y pueden desarrollarse en la vida adulta (es el caso de las personas que aprenden a leer en edades avanzadas y pueden llevar adelante esta práctica exitosamente). Un investigador estudió a través de neuroimágenes a chinos analfabetos y no encontró activación de dichas áreas. Estas personas fueron alfabetizadas –algunas tenían 40 años– y, luego del aprendizaje, las neuroimágenes mostraron que estas regiones se desarrollaron de manera similar a las de las personas que aprendieron a leer de niños.

A menudo solo somos conscientes de la complejidad de nuestras habilidades cuando algo va mal. Chuck Close es un pintor y fotógrafo estadounidense que alcanzó la fama a través de sus retratos de gran escala. Su trabajo es aún más notable al tener en cuenta que sufre prosopagnosia. Se denomina *prosopagnosia* a un déficit en la habilidad para reconocer caras no atribuible a deterioro en el funcionamiento intelectual. Las personas con este síndrome suelen reconocer a los demás por la voz u otros rasgos. Chuck Close es probablemente el único artista en la historia del arte occidental que pinta retratos sin ser capaz de reconocer rostros individuales. ¿Cómo lo hace? Pinta los retratos a partir de fotografías originales, transfiriendo las fotos cuadro a cuadro, como si se tratara de píxeles, y le va agregando detalles de tal forma que la pieza final resulta extraordinariamente *real*. Quizás también esto resulte una curiosidad, pero no si aún goza de buena salud esa frase que se le atribuye a Albert Einstein: "Hay una fuerza motriz más poderosa que el vapor, la electricidad y la energía atómica: la voluntad".

El inconsciente y las neurociencias

Sigmund Freud, en su trabajo de 1895 *Proyecto de una psicología para neurólogos*, planteaba esquemas neuronales en cierta manera parecidos a los que los aportes de las nuevas tecnologías permitieron probar. Otras teorías de Freud, en relación con algunos aspectos de la memoria, también han hallado con cierto fundamento fisiológico a partir de los estudios neurocientíficos. Del mismo modo —de hecho, una de sus formulaciones más extendidas— ocurrió con la idea del inconsciente. Las neurociencias han evidenciado complejas redes neuronales que están en constante disputa para influir en nuestra forma de actuar. Estos circuitos cerebrales están dedicados a responder de manera más automática a los estímulos que provienen del medio ambiente y, por eso, resultan beneficiosos para nuestra vida: nos permiten vivir en un mundo en que no tenemos que sopesar cada dato que obtiene nuestro cerebro y dejar así que las reservas cognitivas sean destinadas a otras funciones.

El dominio del inconsciente se describe de manera más general en el ámbito de la neurociencia cognitiva como todo proceso que no da lugar a la toma de conciencia y es estudiado en cientos de laboratorios en el mundo que utilizan técnicas de investigación susceptibles de análisis estadístico. Los experimentos que muestran algunas de las capacidades de la mente inconsciente proceden de un *enmascaramiento* de los estímulos: los sujetos miran pero no ven. Por ejemplo, en un experimento clásico, se pide a las personas que miren un televisor y presten atención al número de veces que los jugadores de uniforme color blanco de un equipo de básquetbol se pasan la pelota entre sí mientras desafían a un equipo de uniforme negro. Los participantes en el experimento, por lo general, aciertan en el número de pases, pero se sorprenden cuando se les pregunta si vieron a un gorila que atravesó lentamente la pantalla de un lado a otro durante el juego. Es que nuestro cerebro focaliza la atención en el estímulo que le resulta más relevante en ese momento para completar la tarea, y deja en segundo plano el resto de la información que evalúa como menos importante. Sin embargo, esa información alcanza nuestro cerebro y es procesada, aun cuando no nos demos cuenta. Actualmente, con técnicas de neuroimágenes, se puede observar actividad cerebral con características particulares de fenómenos inconscientes como el del gorila. Otros experimentos de laboratorio utilizan distintos paradigmas de enmascaramiento de estímulos: estos se presentan en una pantalla a una velocidad tan rápida (aproximadamente 33 milisegundos) que no alcanza a ser procesada conscientemente por el cerebro humano y, sin embargo, afecta nuestras elecciones. Por ejemplo, enmascarar una palabra positiva (*amor*) hace que uno sea más rápido y más acertado al distinguir imágenes positivas (la de una madre con su hijo) de negativas (la de un tanque de guerra), como si ese simple destello de un tipo de palabra, procesada inconscientemente, nos dejara preparados para estar más alerta. Del mismo modo, cierto destello de un color específico puede influir nuestras elecciones ligadas a ese color.

El efecto de estos estímulos se extingue en el tiempo. Esto demuestra que el procesamiento inconsciente de información es, en realidad, una forma de apoyar aquello que elaboramos de manera consciente. Informaciones que si tuviéramos que procesarlas de manera conjunta, nos resultaría engorroso y perjudicial para nuestra vida diaria.

Muchos artistas de las vanguardias históricas del siglo xx tomaron como tema, forma o modo de construcción de su obra esta idea del inconsciente. Uno de ellos, quizás de los más sobresalientes, fue Salvador Dalí. En todos los casos, y por caminos sorprendentemente disímiles, se trata de poner a prueba lo que se precisa.

Examen de conciencia

La reflexión sobre la conciencia causó fascinación a filósofos y teólogos por siglos, y también a estudiosos del derecho o el arte. En las últimas décadas, también fue un campo de estudio fundamental para las neurociencias.

Estas investigaciones han podido distinguir los procesos del estar despierto (*wakefulness*) y del estar alerta o consciente (*awareness*). Un caso que generó muchísimo impacto social en Estados Unidos y que fue muy esclarecedor para esto fue el de Terri Schiavo: cuando uno veía la imagen de ella, una paciente en estado vegetativo, se mostraba despierta (sus ciclos vitales eran normales) pero no consciente (conectada con el entorno).

Los estudios de resonancia magnética funcional y electroencefalografía determinaron que estos dos procesos dependen de sistemas cerebrales distintos: el *estar despierto* se procesa por sistemas más primitivos (el reticular y sus proyecciones al tálamo) y el contenido (la conciencia) es alimentado por redes evolutivamente más nuevas distribuidas en la corteza cerebral.

Pero el estudio sobre la conciencia no solo contempla la distinción de estos dos grupos de procesos. Por ejemplo, no es lo mismo tener conciencia que tener una capacidad para poder inferir y comprender el estado de conciencia (*metaconciencia*). Esto último depende de una red aún más compleja de circuitos neuronales.

También existe una gran dedicación de las neurociencias para comprender la diferencia entre lo consciente y lo no consciente. Se puede decir, en principio, que la mayoría de los procesos cerebrales no son conscientes. Asimismo, información completamente ignorada puede influir sobre el procesamiento de la información atendida. Imaginemos que estamos conversando en la banqueta, concentrados en nuestra charla, cuando vemos pasar algo a gran velocidad (una moto, un auto, un tráiler quizás). Esa brevísima entrada de información a nuestro cerebro no es consciente y, sin embargo, cuando medimos en el laboratorio qué sucede, se observa una muy breve actividad cerebral (apenas unos milisegundos) con características particulares de este fenómeno, que, si se prolongase durante unos cuantos milisegundos más, podría convertirse en una representación mental: sabemos que vimos algo, pero no sabemos qué es lo que vimos. Se genera así un fenómeno *preconsciente*. Por el contrario, si logramos prestarle atención a ese objeto, aun si pasara a la misma velocidad, el estímulo lograría distribuirse en la compleja y difusa red de nuestra corteza cerebral, y entonces tendríamos conciencia sobre ese objeto que vimos.

Queda claro que lo consciente empieza donde termina lo no consciente. Nuevos estudios ayudarán a dilucidar cuál es este límite y cómo debemos interpretar sus implicancias clínicas, éticas y legales. Sin embargo, como dijimos en páginas anteriores, las ciencias no podrán explicar totalmente la experiencia consciente, ni medir la conciencia intrínsecamente privada, invisible, esa experiencia subjetiva e íntima que hace al ser humano un fascinante mar de incógnitas que se navega a bordo de algunas respuestas.

¿Qué es la neuroplasticidad?

Miles de veces hemos escuchado que determinado hecho ocurrido a una persona le había cambiado la vida. El objetivo de este apartado es tratar de explicar desde las neurociencias que lo que le ha cambiado al vivir ese hecho es nada menos que su cerebro.

A lo largo de nuestra vida, nuestro cerebro se transforma de manera constante. La experiencia y el ambiente modifican los circuitos neuronales y regulan la expresión de nuestros genes. Nuestro cerebro es fundamentalmente un órgano adaptativo. Se denomina *neuroplasticidad* a la capacidad del sistema nervioso para modificarse o adaptarse a los cambios. Este mecanismo permite a las neuronas reorganizarse al formar nuevas conexiones y ajustar sus actividades en respuesta a nuevas situaciones o a cambios en el entorno.

La neuroplasticidad cuestiona, de esta manera, un dogma que existía previamente por el cual se creía que el sistema nervioso era una estructura rígida e inmodificable. Esta creencia postulaba que se nacía con una cantidad predeterminada de neuronas y estas se conectaban entre sí de una manera para siempre. Este concepto existió durante mucho tiempo hasta que diversos experimentos mostraron que el sistema nervioso tiene la capacidad de modificarse y cambiar incluso en la edad adulta. Tanto es así que hoy se ha demostrado que existe producción de nuevas neuronas en algunas regiones del cerebro adulto de distintas especies.

Fernando Nottebohm, investigador argentino que trabaja en Nueva York, probó que el repertorio de cantos de los canarios, que varía según la época del año, responde a los cambios que se van produciendo estacionalmente en distintas poblaciones celulares de su sistema nervioso. Y que esto sucedía porque se generaban nuevas poblaciones de neuronas. Investigaciones de otro científico argentino, Alejandro Schinder del Instituto Leloir, aportaron otro concepto importante: estas nuevas neuronas tienen además la capacidad de integrarse exitosamente a circuitos ya existentes y ser funcionales. Es decir, imitan el comportamiento de las neuronas vecinas y logran así cumplir su misma función.

La neuroplasticidad existe a diferentes niveles: a nivel molecular, a nivel celular y a nivel de las conexiones de las células del sistema nervioso entre sí (circuitos). Uno de los desarrollos fundamentales de la plasticidad se da a nivel de la conexión entre las neuronas (la denominada *sinapsis*). La plasticidad sináptica es la capacidad que las neuronas tienen para alterar su capacidad de comunicación entre ellas. Cada vez que nos enfrentamos a una nueva pieza de información que se debe almacenar en nuestra memoria, se generan nuevas sinapsis, se fortalecen otras, algunas se debilitan y otras se podan. Este proceso representa un mecanismo evolutivo fundamental de aprendizaje, presente en organismos básicos como la *aplysia* (un molusco) y complejos como nosotros los humanos.

También evidenciamos plasticidad cerebral en el nivel de los grandes circuitos: si un hemisferio cerebral se lesiona, el hemisferio intacto puede –a veces– llevar a cabo algunas de las funciones de su par afectado. Esto sucedería porque se desenmascaran conexiones de circuitos neuronales preexistentes pero que eran poco funcionales hasta ese momento. El cerebro es capaz así de compensar parcialmente el daño al reorganizar y formar nuevas conexiones entre neuronas intactas.

Es evidente que la neuroplasticidad constituyó uno de los principales mecanismos a través de los cuales las especies fueron evolucionando a lo largo del tiempo, y se adaptaron así a cambios del ambiente más allá de aquello que estaba predeterminado genéticamente.

Damas y caballeros

> De todos modos, cuando un tema se presta mucho a controversia –y cualquier cuestión relativa a los sexos es de este tipo– uno no puede esperar decir la verdad. Solo puede explicar cómo llegó a profesar tal o cual opinión.
>
> *Un cuarto propio*, Virginia Woolf

Existen diferencias en la anatomía cerebral de hombres y mujeres que sugieren que el sexo influye en la manera en que funciona el cerebro. Esta diversidad podría ser causada en gran parte por la actividad de las hormonas sexuales que bañan el cerebro del feto e influyen en la organización y conexiones neuronales durante el desarrollo. Entre las semanas 18 y 26 del embarazo, el cerebro comienza a transformarse de manera permanente e irreversible. Este período de cambios cerebrales debido a la actividad hormonal es tan crítico, que las experiencias postnatales no logran cambiar, estructuralmente, un cerebro masculino a uno femenino, ni viceversa. La correlación entre la anatomía de ciertas regiones cerebrales en el adulto y la acción hormonal en el útero sugiere que, al menos, algunas diferencias entre el hombre y la mujer en ciertas funciones cognitivas y en la manera que cada género procesa la emoción no resultan de influencias culturales o de los cambios hormonales de la pubertad, sino que estarían presentes desde el nacimiento.

Las diferencias sexuales anatómicas en el cerebro probablemente surgieron como resultado de presiones selectivas durante la evolución. En tiempos remotos, los hombres cazaban y las mujeres juntaban los alimentos cerca de la casa y cuidaban a los niños. Las áreas del cerebro pueden haber sido moduladas para permitir a cada sexo llevar a cabo su trabajo. En el caso del juguete, tanto humanos varones como primates machos prefieren los que pueden ser arrojados y los que promuevan el juego de lucha. Estas cualidades podrían relacionarse con los comportamientos ancestrales útiles para la caza y para asegurarse una compañera. También es plausible la hipótesis de que las mujeres seleccionan juguetes que les permiten afinar las habilidades que necesitan para criar a sus hijos. Se observó en bebés de un día que las niñas pasaban más tiempo mirando una foto de un rostro, mientras que los niños pasaban más tiempo mirando un objeto mecánico. Esto fue evidente en la primera jornada de la vida y sugiere que salimos del útero con diferentes preferencias.

Las discusiones sobre el privilegio de un enfoque más biologicista o de un enfoque más culturalista se zanjan cuando se comprende que el dato empírico existe pero que este es resultado, también, de las prácticas individuales o sociales que lo precedieron.

Sobre las palabras

Con palabras, las personas declaran amarse, se cuentan historias de viajes, informan noticias y, cuando son niños, son capaces de inventar que son astronautas o princesas. El lenguaje de las palabras constituye uno de los rasgos humanos más distintivos.

Aunque la mayoría de las especies animales, desde los insectos hasta los primates, tienen alguna forma de comunicación, la característica del lenguaje humano difiere cualitativa y cuantitativamente de estas. Por ejemplo, permite comunicar ideas que van más allá del aquí y del ahora, por medio de infinitos mensajes elaborados a través de un número finito de elementos (los signos lingüísticos y las reglas de combinación).

El lenguaje humano funciona a partir de complejísimas redes cerebrales, e involucra dos centros clave: el área de Broca, asociada a la producción de lenguaje, y el área de Wernicke, asociada a la comprensión del lenguaje. Una pregunta central es si estos delicados procesos neurales se fueron refinando a partir de circuitos cerebrales ya desarrollados en nuestros antecesores, o si la aparición de estas estructuras fue más próxima a nosotros en el tiempo.

Los antropólogos evolutivos han abordado estas preguntas al estudiar cráneos de especies precursoras de los seres humanos. Así encontraron que los *Homo habilis*, considerados por algunos expertos como el primer grupo homínido en tener procesos cognitivos más desarrollados, mostraban una dimensión más amplia de ciertas áreas cerebrales que los de la especie que los precedió, los *Australopithecus*. La complejidad cerebral, como ya hemos dicho, quizás estuvo estimulada por la necesidad de cooperación social y comunicación compleja. Otros aspectos importantes en la evolución del lenguaje han sido el paso al bipedalismo, que reforzó la capacidad para la comunicación gestual, y el desarrollo de la memoria episódica, que permite recordar y comunicar eventos.

Un tratamiento fundamental para estos temas ha sido el estudio de pacientes que sufren un trastorno del desarrollo específico del lenguaje, con coeficiente intelectual normal y un marcado compromiso en la expresión y en la comprensión lingüística. Estos pacientes tienen mutaciones en el gen FOXP2, hoy asociado al desarrollo del lenguaje. Llamativamente, este gen no es específico de los humanos, pero se han detectado sutiles diferencias entre las secuencias de dicho gen en humanos y chimpancés, las cuales explicarían por qué nosotros logramos desarrollar un sistema de comunicación más complejo.

La emergencia del lenguaje de las palabras como modo de comunicación primaria, al reemplazar una dependencia previa en gestos manuales y sonidos rudimentarios, influyó decisivamente en la dominancia de nuestra especie sobre otras en el planeta. Esto da cuenta, una vez más, de que la capacidad de hablar y escuchar es un privilegio y un don de nuestra especie humana y que, a diferencia de la consigna que signó épocas oscuras de nuestra historia, la palabra es salud.

*

Compré el mono en el remate de un circo que había quebrado.

La primera vez que se me ocurrió tentar la experiencia a cuyo relato están dedicadas estas líneas, fue una tarde, leyendo no sé dónde, que los naturales de Java atribuían la falta de lenguaje articulado en los monos a la abstención, no a la incapacidad. "No hablan, decían, para que no los hagan trabajar".

De *Yzur*
LEOPOLDO LUGONES
(Córdoba, 1874-Buenos Aires, 1938)

*

La adquisición del lenguaje

¿Qué es lo que, a fin de cuentas, nos hace aprender a hablar a los seres humanos? Aunque, como fue dicho, desde hace años diversos estudios pudieron precisar que existen áreas cerebrales específicas en el hemisferio izquierdo de los diestros que participan en la comprensión y producción del lenguaje, todavía quedan muchísimas preguntas sobre la organización, biología y arquitectura de esta compleja y distintiva función mental. Por eso, las neurociencias, en combinación con otras disciplinas (como la lingüística y la psicolingüística), están tratando de manera promisoria este tema.

El lenguaje tiene un período crítico de aprendizaje. Los bebés y niños son muy aptos para la adquisición de una nueva lengua hasta los 7 años; luego existe una sistemática declinación en esta habilidad. Esto no significa que, a partir de esa edad, no se pueda adquirir una lengua nueva sino que cuesta mucho más (y después de la pubertad, más aún). Un buen ejemplo de esta cualidad excepcional es que bebés de cualquier parte del mundo pueden discriminar entre diferentes sonidos de cualquier lengua (no importa de qué países sean los bebés ni qué lengua se evalúe). Esta sofisticada habilidad se pierde ¡antes del primer año de vida!

En Francia, algunos investigadores, a partir de la utilización de neuroimágenes, mostraron que niños de 3

. meses, cuando escuchan su lengua materna (y no sonidos sin sentido), activan áreas similares a las relacionadas con el lenguaje en el cerebro adulto. Estos datos
sugerirían que la corteza cerebral del bebé se encuentra estructurada en varias regiones funcionales similares a las de los adultos, incluso mucho antes de que
ellos puedan hablar. Estos resultados aportarían cierta
evidencia biológica a la hipótesis de Noam Chomsky,
quien sostiene que existen capacidades innatas del ser
humano para el lenguaje. Es preciso decir que algunos
investigadores cuestionan estas hipótesis y, por eso, se
registran discrepancias en la ciencia sobre si existe (o
no) una arquitectura u organización cerebral innata que
hace posible el lenguaje humano. Las técnicas modernas de investigación en neurociencias quizás algún día
ayuden a resolver este clásico debate acerca de la relación entre la biología y la cultura en este campo.

Por su parte, el desarrollo del lenguaje de los niños bilingües muestra un patrón algo diferente al de
los monolingües. Los bilingües tempranos tienen más
probabilidades de procesar el lenguaje de forma bilateral, a diferencia de los monolingües que suelen tener
dominancia hemisférica. Por eso la adquisición simultánea de dos (o más) lenguas no debe ser pensada en
términos de una lengua principal y otra secundaria que
puede *interferirla*, sino en relación con dos componentes que completan un sistema lingüístico complejo. Un
estudio realizado en Toronto reportó que hablar más de
un idioma, comparado con quienes son monolingües,

puede implicar un retraso en el comienzo de síntomas de deterioro cognitivo. Otras investigaciones han demostrado que cuanto más temprano se adquiere una segunda lengua, mayor superposición existe entre los circuitos cerebrales que procesan esta y la primera.

Aunque cueste más que cuando se es niño, el desafío de aprender un nuevo idioma en la edad adulta es muy beneficioso, ya que, como desarrollaremos en el último capítulo, contribuye a proteger nuestro cerebro. El bilingüismo provee una forma de *reserva cognitiva* que contrarrestaría el efecto perjudicial del paso del tiempo en nuestras redes neurales.

Cuando se trata de justificar lo dicho, entonces, deberíamos retocar esa frase que alega "esta boca es mía". Al referirnos al lenguaje, está visto que el cerebro también sabe hacer lo propio.

*

En el circo había aprendido a ladrar como los perros, sus compañeros de tarea; y cuando me veía desesperar ante las vanas tentativas para arrancarle la palabra, ladraba fuertemente como dándome todo lo que sabía. Pronunciaba aisladamente las vocales y consonantes, pero no podía asociarlas. Cuando más, acertaba con una repetición de pes y emes.

Por despacio que fuera, se había operado un gran cambio en su carácter. Tenía menos movilidad en las facciones, la mirada más profunda, y adoptaba posturas meditativas.

Había adquirido, por ejemplo, la costumbre de contemplar las estrellas. Su sensibilidad se desarrollaba igualmente; íbasele notando una gran facilidad de lágrimas. Las lecciones continuaban con inquebrantable tesón, aunque sin mayor éxito. Aquello había llegado a convertirse en una obsesión dolorosa, y poco a poco sentíame inclinado a emplear la fuerza. Mi carácter iba agriándose con el fracaso, hasta asumir una sorda animosidad contra Yzur. Este se intelectualizaba más, en el fondo de su mutismo rebelde, y empezaba a convencerme de que nunca lo sacaría de allí, cuando supe de golpe que no hablaba porque no quería. El cocinero, horrorizado, vino a decirme una noche que había sorprendido al mono "hablando verdaderas palabras". Estaba, según su narración, acurrucado junto a una higuera de la huerta; pero el terror le impedía recordar lo esencial de esto, es decir, las palabras.

De *Yzur*
LEOPOLDO LUGONES

*

Combinación de sonidos

Nos habrá pasado algún día, seguramente, escuchar en la radio una vieja canción de nuestra infancia y que eso nos retrotraiga a los albores de nuestra vida como una película que empieza a pasar de nuevo por la mente. O pasear por algún lugar remoto del extranjero y que sea cierta música la que despierte la melancolía por el lugar de donde somos.

¿Qué cualidad tiene entonces la música que parece actuar, en muchos casos, como llave que moviliza mecanismos como la memoria, la emoción, la inteligencia humana? Aunque los neurocientíficos recién están empezando a descubrir cómo nuestros cerebros procesan la música, existe evidencia de activación compleja y generalizada en muchas áreas del cerebro cuando uno toca, escucha o se imagina mentalmente música.

El cerebro es modificado por la música y la exposición a esta podría aumentar el funcionamiento emocional y cognitivo. Un estudio publicado en la prestigiosa revista *Nature Neuroscience* demostró, por primera vez, que escuchar música libera la misma sustancia química en el cerebro que la comida, el sexo e, incluso, las drogas: la dopamina. Esta molécula está muy fuertemente vinculada a los circuitos de recompensa en nuestro sistema nervioso. Para evaluar el mecanismo biológico detrás de una experiencia musical agradable, el equipo utilizó neuroimágenes funcionales y midió cambios en la temperatura corporal, la conductividad de la piel, la frecuencia cardíaca y la respiración, que los participantes sentían en respuesta a sus canciones favoritas. Los investigadores encontraron que la dopamina se libera en dos áreas del cerebro: en primer lugar, en anticipación a un pico musical, en el núcleo *caudado*, clave en el aprendizaje y la memoria; a continuación, durante la experiencia máxima, en el núcleo *accumbens*, sitio clave de las vías de recompensa y el placer. Nuestra experiencia con la música también puede variar los patrones de actividad en nuestro cerebro.

Otra cuestión relevante es pensar los mecanismos que se activan para la ejecución musical. En músicos expertos, existe una mayor densidad de conexiones entre distintas estructuras del cerebro, a fin de afianzar la coordinación, por ejemplo, de las secuencias motoras necesarias para tocar un instrumento. Esta capacidad del cerebro de ir reorganizándose para alimentar la alta demanda de actividad musical es crucial también porque permite pensar en la utilización de la música para la rehabilitación. De hecho, investigadores de la Universidad de Harvard han entrenado con ciertos tonos musicales a pacientes que habían sufrido un accidente cerebrovascular, que, a su vez, había afectado su capacidad para comunicarse de manera oral. Observaron que, tras un intenso entrenamiento, se habían remodelado las áreas *sanas* para compensar la falta de funcionamiento de las áreas afectadas por el accidente.

Estas reflexiones nos permiten reconsiderar la simple y reiterada definición sobre la música porque nos damos cuenta de que es un arte que combina mucho más que los sonidos.

Mente y cuerpo sanos

El famoso "mens sana in corpore sano" es utilizado para la promoción de la práctica física e intelectual equilibrada de las personas. Con o sin proverbio, pasamos nuestra vida usando mente y cuerpo de forma constante y coordinada (incluso, durante el reposo).

Los estudios neurocientíficos han permitido conocer más sobre cómo se desarrolla esa íntima relación. La complejidad de movimientos que hemos desarrollado los seres humanos es reflejo de una densa red de neuronas que, en nuestro cerebro, se encarga de planificar y ejecutar un gran abanico de acciones, organizando la activación secuenciada y prolija de cada uno de nuestros músculos.

Esta capacidad es adquirida progresivamente a lo largo de la vida: los bebés deben primero lograr perfeccionar los movimientos más básicos, tales como caminar, hablar y alcanzar objetos; en cambio, a medida que crecemos, logramos diseñar y ejecutar planes motores mucho más delicados, como la capacidad para escribir y tocar instrumentos. En este proceso, la práctica y la experiencia resultan esenciales. También lo es la observación de quienes nos rodean, pues se han descubierto neuronas motoras que se activan frente al movimiento de los demás. Estas son las llamadas *neuronas espejo*, cuya función sería la de activar programas motores en nuestro cerebro en base al movimiento de los otros. De hecho, estudios con neuroimágenes funcionales demostraron que existe una superposición en la activación cerebral del que realiza un movimiento y del que lo observa. La repetición de secuencias específicas también es importante en el acto motor, puesto que permite a nuestro sistema nervioso ir ajustando los movimientos.

Los deportistas nos aportan evidencia de esto. En un estudio reciente, se pidió a jugadores profesionales de básquet que vieran fotos de otros jugadores en el momento en que lanzaban la pelota a la canasta. Y se comprobó que su capacidad para predecir si la pelota entraría o no era mucho más alta que la de otros participantes que no eran jugadores.

Claro que la capacidad para moverse no es única del ser humano: la mayoría de las especies animales requieren un sistema nervioso que les permita realizar movimientos. Un ejemplo paradigmático es el de las ascidias, unos animales marinos evolutivamente muy antiguos que pasan gran parte de su vida desplazándose hasta encontrar una roca sobre la cual asentarse; al lograr el objetivo, digieren su propio sistema nervioso porque ya no les resulta necesario.

La importancia de una red neuronal intacta para alimentar nuestros movimientos se pone de manifiesto también en distintas patologías. En la enfermedad de Parkinson, por ejemplo, la rigidez, la lentitud de los movimientos y los temblores reflejan la afectación de estructuras que se encuentran en la profundidad de nuestro cerebro: los ganglios basales, un conjunto de núcleos de neuronas que cumplen un papel fundamental en el movimiento y su armonía. En la esclerosis lateral amiotrófica se degeneran las neuronas motoras, lo que conlleva a una parálisis progresiva.

Por ello, uno de los grandes desafíos de las neurociencias clínicas en las próximas décadas es intensificar el desarrollo de programas de tratamiento y rehabilitación que permitan, desde un abordaje interdisciplinario e integrando las nuevas tecnologías, aprovechar la plasticidad de nuestro cerebro a fin de contrarrestar los déficits motores que se asocian a enfermedades neurodegenerativas, vasculares y traumáticas. Así, para que el desarrollo científico siga persiguiendo el fin de que mente y cuerpo sean cada vez más sanos.

*

Las Tres Leyes de la Robótica

1) Un robot no puede hacer daño a un ser humano o, por su inacción, dejar que un ser humano sufra daño.

2) Un robot debe obedecer las órdenes dadas por los seres humanos, excepto cuando estas órdenes se oponen a la Primera Ley.

3) Un robot debe proteger su propia existencia hasta donde esa protección no entre en conflicto con la Primera o la Segunda Ley.

Manual de Robótica, 56ta. edición, año 2058

De *Yo, robot*
Isaac Asimov
(Petróvichi, 1920-Nueva York, 1992)

*

Hombres y engranajes

Cuando Jan Scheuermann logró comer una barra de chocolate, los investigadores de la Universidad de Pittsburg festejaron la proeza. Pero ¿por qué tanta alegría? Porque el brazo que sostenía el chocolate era robótico y una mujer paralizada desde hacía años desde el cuello hasta los pies lo estaba controlando con sus pensamientos. Este caso representó un sorprendente avance en los desarrollos de la interfaz cerebro-máquina. Esta nueva tecnología permite que personas con distintos grados de inmovilidad puedan accionar mecanismos robóticos únicamente con la fuerza de sus pensamientos.

Los primeros estudios con estas prótesis neurales se realizaron en monos. Al colocar electrodos en la corteza cerebral motora de estos animales, los neurocientíficos lograron que realizaran un gran número de tareas al utilizar solo sus señales cerebrales. Para la mayoría de las personas, alcanzar un objeto y agarrarlo no requiere esfuerzo. Sin embargo, esos simples movimientos son guiados por un complejo patrón de actividad cerebral. Redes de neuronas trabajan coordinadamente para planificar, ejecutar y revisar nuestros más mínimos movimientos. Cuando tomamos un vaso, apretamos la tecla ENVIAR en nuestra casilla de correo electrónico o realizamos cualquier otra actividad motora, nuestras neuronas se comunican entre sí y producen determinados patrones de actividad eléctrica correspondientes a cada tarea.

A Jan Scheuermann se le colocaron electrodos en contacto directo con las áreas del cerebro que normalmente controlan los movimientos de su brazo y mano derecha. Estos electrodos registraron la actividad eléctrica que se produjo específicamente en las áreas relacionadas con el movimiento de su brazo. Luego, esta información fue transportada hacia una computadora especialmente preparada para aplicar una serie de algoritmos específicos que tradujeran la actividad eléctrica generada en comandos o instrucciones capaces de controlar el brazo artificial. De este modo, Jan pensó en mover la mano mecánica y esta siguió sus órdenes.

Otras tecnologías menos invasivas pueden registrar la actividad eléctrica al colocar una serie de electrodos sobre el cuero cabelludo. A pesar de que hasta ahora no permiten lograr avances tan impresionantes como el de Jan, su implementación es mucho más sencilla. Este tipo de dispositivos posibilitan que personas con discapacidades motoras, pero con un cerebro preservado, puedan utilizar sus pensamientos para realizar movimientos simples en sillas de ruedas, hacer uso de dispositivos hogareños (como prender luces o levantar cortinas) o usar una computadora.

El impacto de la interfaz cerebro-máquina excede la medicina.

Actualmente existe una serie de dispositivos que invitan a las personas a utilizar sus pensamientos para mover objetos o interactuar con computadoras. Uno de los más complejos es un dispositivo portátil y sin cables que utiliza varios electrodos, apoyados en el cuero cabelludo, para registrar y amplificar las ondas eléctricas cerebrales. El sistema de detección de este equipo permite analizar una treintena de expresiones, emociones y acciones diferentes.

El alcance que está adquiriendo esta tecnología junto con los avances en casos como el de Jan Scheuermann representa una luz de esperanza para miles de personas que han quedado atrapadas en su cuerpo debido a lesiones neurológicas. Resta todavía mucho camino por recorrer y faltan muchos más estudios científicos que validen esta tecnología, pero cada vez estamos más cerca de que la ciencia ficción se convierta en historia con final feliz.

Alto rendimiento

La fascinación que provoca ver a los atletas de alto rendimiento desarrollar sus habilidades está emparentada, por lo general, a la extraordinaria destreza física que exhiben. Pero estos deportistas tienen también algunas particularidades respecto del funcionamiento de sus cerebros.

En los Juegos Olímpicos, por ejemplo, todo el mundo es talentoso y entrena duro. Entre los atletas de elite, las diferencias físicas son muy pequeñas. Lo que influiría para separar a los medallistas de oro de los medallistas de plata sería —en gran parte— la motivación, la atención, el mantenerse focalizado y el control mental, entre otros aspectos cognitivos. Al estudiar los factores fundamentales que influyen en el rendimiento de los atletas, uno de los aspectos clave tiene que ver con la práctica. Repetir decenas de veces una rutina o una secuencia permite que el cerebro produzca una representación mental de los movimientos y que esta facilite la corrección de errores, que se anticipe a los próximos pasos de una secuencia y que promueva el aprendizaje de nuevos pasos.

El cerebro, como dijimos en el apartado anterior, también logra aprender a partir de la observación de terceros, una práctica elemental en el desarrollo de nuevas habilidades en atletas. Todo esto depende de una compleja red en nuestro cerebro que incluye áreas de la corteza temporal, frontal y parietal y que genera, de esta manera, un entramado de acción y observación. También, esta red de estructuras es la que contribuye a que los movimientos de los deportistas se vuelvan más automáticos. La falsa idea de que los músculos tienen memoria en realidad revela el importantísimo papel que nuestro cerebro cumple a la hora de ejecutar movimientos sin tener que pensar cada paso dentro de una secuencia. Estudios recientes han demostrado que esta fluidez del movimiento, que en algunos puntos es parecida a la fluidez que caracteriza la creatividad artística, depende de que la corteza prefrontal disminuya su actividad y logre aplacar, así, una de sus funciones principales: el control ejecutivo de las funciones mentales superiores.

En este sentido, el propio cerebro promueve la inhibición de su automonitoreo, seguramente, porque el control excesivo de los pensamientos y la evaluación constante de cada detalle consumen recursos cerebrales. Estos recursos pueden así destinarse a alcanzar objetivos que requieran una mayor actividad de las áreas motoras y sensoriales, que son las que permiten dirigir nuestros movimientos. Se suma a todo esto una capacidad fundamental para la práctica deportiva de alto rendimiento: el nivel de atención. En estos atletas, la capacidad para mantenerse alerta, que constituye uno de los aspectos cruciales de la atención, pareciera estar aumentada.

Cuando pensamos cómo se logra esto, en realidad, como en el caso analizado de los músicos, estamos siendo testigos de la plasticidad que tiene el cerebro: cuando entrenamos repetidas veces, las neuronas logran crear nuevas conexiones para adaptarnos mejor a las demandas de las tareas en las cuales nos involucramos. La práctica constante que caracteriza a los atletas de competición tiene efectos más allá del cerebro, pues estudios en endocrinología han demostrado que ellos tienen un control distinto de hormonas ligadas al estrés y producen cambios en órganos tales como el corazón, el riñón y el tejido graso. Pero estas hormonas también impactan sobre el cerebro y afectan el modo en que los atletas lidian con el estrés asociado a la competición deportiva.

Por eso, en las grandes competencias atléticas, lo que se pone en juego no es solo la destreza física que resulta evidente a los ojos, sino también las mentes que la hicieron posible.

¿Por qué rezamos?

Miles de personas se congregan cada día aquí y en el mundo para orar, pedir o agradecer en derredor de un templo, una figura o una idea de ser que nos trascienda. Es allí también donde muchas veces se deposita la esperanza de un trabajo que lleve a la mesa el pan de cada día, la sanación de un ser querido o el deseo de la vida eterna ante el desamparo de un triste fallecimiento.

Datos antropológicos ponen énfasis en la universalidad de la búsqueda de un ser superior entre diversos grupos de culturas primitivas y avanzadas durante muchos miles de años. Para algunos, esta universalidad podría interpretarse como sugerencia de que algunas estructuras básicas en el cerebro necesitan a Dios. Otros argumentan que la religiosidad es un artefacto de la evolución.

Aunque se trate de un tipo de pensamiento extendido y milenario, las neurociencias durante mucho tiempo han sido renuentes a la investigación científica sobre la espiritualidad. El estudio de las bases neurales de la religión apenas está empezando a ser un tópico aceptado de investigación dentro de las neurociencias cognitivas. Es así como la Universidad de Oxford ha creado un centro multidisciplinario que estudia las bases neurobiológicas de las creencias (religiosas u otras) y cómo estas afectan nuestros estados de conciencia y sentimientos.

Diferentes grupos de científicos han utilizado las neuroimágenes funcionales para observar los cambios que ocurren en el cerebro cuando una persona tiene una experiencia religiosa. Por ejemplo, en un estudio se examinó la actividad cerebral cuando las personas rezaban. Aunque estos ensayos pueden pecar de reduccionistas y producir una comprensible controversia, permiten generar un riquísimo debate sobre si el cerebro humano está programado para tener fe o si es una habilidad mental que el cerebro humano desarrolló a través de la cultura.

La pregunta a la que pueden remitirse los estudios neurocientíficos no se corresponde con cuestiones ligadas a cada una de las creencias religiosas, sino a temas más básicos: ¿Por qué los seres humanos experimentamos la religión? ¿Qué procesos neurales se activan en el tránsito de esa experiencia? Por ejemplo, durante la meditación, los lóbulos parietales, que procesan nuestro sentido de orientación y conocimiento de uno mismo, disminuyen casi por completo su actividad. También baja la actividad de la amígdala, una región involucrada en el proceso del miedo. A medida que la tecnología de neuroimágenes avance y las pruebas cognitivas sean cada vez más avanzados, podremos discriminar, del mismo modo, cómo las sensibilidades creativas y religiosas se relacionan.

Existe evidencia de que las personas creyentes viven más y mejor. Algunos investigadores sugieren que en esto podría haber una ventaja evolutiva, ya que no se trata necesariamente de creer en tal o cual sentido, sino en poseer un cerebro con capacidad para tener fe. Pero aunque los científicos avancen en esta área, posiblemente nunca resuelvan el gran dilema: si nuestras conexiones en el cerebro crean a Dios o si Dios crea nuestras conexiones cerebrales.

*

Dios no acudió inmediatamente. Por el contrario, me pareció una eternidad la espera, y un sentimiento de postergación indecible me hacía sufrir más que todos los suplicios anteriores. El dolor pasado era un recuerdo grato en cierta manera, ya que me daba ocasión de comprobar mi existencia y de percibir los contornos de mi cuerpo. Allí, en cambio, me podía comparar a una nube, a un islote sensible, de márgenes constituidas por estados cada vez más inconscientes, de manera que no lograba saber hasta dónde existía ni en qué punto me comunicaba con la nada.

Mi sola capacidad era el pensamiento, siempre más desbordado y potente. En la soledad tuve tiempo de andar y desandar numerosos caminos; reconstruí pieza por pieza edificios imaginarios; me extravié en mi propio laberinto, y solo hallé la salida cuando la voz de Dios vino a buscarme. Millones de ideas se pusieron en fuga, y sentí que mi cabeza era la cuenca de un océano que de pronto se vaciaba.

De *El converso*
JUAN JOSÉ ARREOLA
(Zapotlán el Grande, 1918-Guadalajara, 2001)

*

El genio de Einstein

La historia de las sociedades se puede recorrer a través de sus grandes personajes, hombres y mujeres que destacaron por cualidades excepcionales. Funcionan, de esta manera, como singularidades que subrayan y potencian ciertos caracteres generales de su entorno.

Albert Einstein ha sido sin duda una de las más grandes mentes de nuestros tiempos y su brillantez ha fascinado a toda la sociedad. También, por razones obvias, a la comunidad neurocientífica. Es que inevitablemente surge la pregunta sobre cómo un cerebro pudo haber tenido la creatividad suficiente para concebir la teoría de la relatividad y tantos otros aportes científicos sorprendentes.

Cuando Einstein murió, en 1955, su cerebro fue donado con el propósito de poder servir a la investigación. Para eso, se le sacaron fotos y se lo diseccionó en 240 bloques que fueron preparados para su preservación en resina. Estos bloques se convirtieron luego en más de 2 000 piezas para ser analizadas bajo el microscopio por casi dos decenas de investigadores en todo el mundo. Llamativamente, por ese entonces, la multiplicidad de muestras para analizar y la variedad de laboratorios que emprendieron esa tarea no se tradujo en una gran proliferación de aportaciones a la ciencia: se publicaron tan solo seis estudios con hallazgos interesantes. En general, lo que se observaba de excepcional en el cerebro de Einstein era la gran densidad de neuronas y la mayor proporción de células gliales (que son células que rodean a las neuronas para darles un sostén histofisiológico) en ciertas áreas del cerebro; y, también, una anatomía llamativa de los lóbulos parietales, encargados de procesos sensoriales y atencionales.

Pero más recientemente, un laboratorio logró acceder a 14 fotografías inéditas del cerebro de Einstein que tenían marcadas —como si fuera un mapa— qué partes correspondían a cada una de las piezas microscópicas que se habían generado. Esta vez, el cerebro de Einstein fue comparado con el de otros 85 cerebros humanos. Estos hallazgos fueron más llamativos. Si bien el peso era comparable al de cualquier cerebro promedio, su morfología era significativamente distinta: tenía mayor abundancia de surcos y circunvoluciones, por ejemplo, en regiones de la percepción sensorial, del control de la cara y de la región evolutivamente más nueva del cerebro, la corteza prefrontal, que nos permite planificar y ejecutar complejos algoritmos entre otras funciones. Los investigadores encontraron que en toda la corteza existían organizaciones anatómicas atípicas. Probablemente estas tuvieran un uso de la corteza motora muy distinto al habitual, pues a partir de las fotos se logró deducir que tenía una gran asociación entre lo motor y lo conceptual.

Si estos cambios fueron causa o consecuencia de su brillantez no lo sabremos a ciencia cierta, pero es muy

probable que se haya tratado de una combinación de
ambas cosas: haber nacido con un cerebro que lo predispone a un procesamiento intelectual extraordinario y
haber vivido experiencias que motivaron a ese cerebro
privilegiado.

La biografía de un hombre que ha desempeñado un
gran papel en una época funciona como el resumen de su
historia contemporánea, expresaba Domingo Faustino
Sarmiento al justificar la función didáctica de este género literario (por ejemplo, el de su *Facundo*). Del mismo
modo, los estudios sobre el cerebro de Einstein nos permiten comprender cuestiones que van más allá del genial
científico. De esta manera, el cerebro de Einstein sigue
iluminando.

La inteligencia colectiva

Muchas veces se generan discusiones alrededor del
interrogante de si la suma de grandes inteligencias individuales lleva necesariamente a un resultado colectivo
satisfactorio. En esferas tan distantes como la práctica
deportiva, la labor artística o el desarrollo comercial,
surge la pregunta: ¿Cómo puede ser que este equipo de
estrellas no haya rendido tan bien como se esperaba? ¿Y
cómo este, más austero, logró, por el contrario, maravi-
llar con su rendimiento?

Aunque desde siempre se ha intentado medir la inteligencia humana, pocas áreas de la ciencia han sido más

controversiales. Como hemos mencionado, las definiciones de inteligencia propuestas son diversas y van desde la flexibilidad conductual o cognitiva para generar situaciones novedosas y la capacidad de resolver problemas hasta la de una eficaz adaptación con el medio. Algunos investigadores enfatizan la capacidad para el pensamiento abstracto; otros, la habilidad para adquirir vocabulario nuevo o conocimientos originales; otros, la capacidad de adaptarse a situaciones inesperadas. De todas maneras, el coeficiente intelectual podría considerarse una medida arbitraria de inteligencia, con un set de pruebas predeterminadas.

Las pruebas —o tests— que se han propuesto a lo largo de la historia para medir el constructo llamado *inteligencia* son imperfectas. La mayoría de ellas han hecho énfasis en las destrezas de razonamiento lógico y abstracto dejando afuera factores fundamentales como el bagaje cultural, las habilidades sociales y la experiencia adquirida. Con el argumento de que estos tests predicen el éxito en diversos contextos (especialmente en culturas occidentales), los resultados se usaron y usan para admisiones a centros de estudio o a empresas. Por lo tanto no es sorprendente que estos tests hayan sido cuestionados y se hayan convertido en foco de un fuerte debate con implicaciones políticas y sociales. Aunque una prueba evalúe la capacidad de resolver un problema matemático o la comprensión de una lectura, no podemos considerarlos tests que abarquen toda la inteligencia.

A lo largo de la historia se postularon varias teorías y definiciones sobre inteligencia. Entre ellas, en 1904, el psicólogo inglés Charles Spearman propuso la existencia del factor G o inteligencia general. Sostenía que esa condición permite tener éxito en un amplio rango de tareas cognitivas. Pero, en 1916, su colega Godfrey Thomson propuso que lo que parecía ser una aptitud única era, en realidad, una colección de múltiples y diversas habilidades necesarias para completar la mayoría de las tareas intelectuales.

El psicólogo estadounidense Howard Gardner (1983) denominó a todos los talentos de una persona *inteligencias*. Actualmente se entiende a la inteligencia en relación con otras habilidades dentro de una esfera emocional, motivacional e interpersonal; también se cree que la cooperación entre estos aspectos permiten un mayor desarrollo del potencial intelectual.

La gente varía en cosas como inteligencia emocional, habilidades particulares, experiencia, que son diferentes de la *inteligencia general*, pero también importantes. Además, el humor, la sensibilidad, la ironía y la creatividad son rasgos de inteligencia que quedan fuera tanto de los tests clásicos como de ciertos patrones que ostentan instituciones demasiado rígidas. Por eso, las definiciones –y las pruebas– sobre la inteligencia siempre quedan *chicas* a la hora de relacionarlas con las acciones y decisiones de la vida real. Si entendemos la inteligencia como el conjunto de recursos con los que cuenta un individuo para adaptarse al medio, una persona puede ser tremendamente inteligente sin la necesidad de contar con un bagaje demasiado grande de conocimientos adquiridos

a través de la educación formal o el entrenamiento. Esta
última afirmación se relaciona particularmente con el
término de *inteligencia fluida*, que se define como la capacidad de resolver problemas nuevos descubriendo las
relaciones que existen entre las cosas e independiente-
mente del conocimiento adquirido a lo largo de la vida.

Cuando se trata de inteligencia, la totalidad puede ser
mayor que la suma de sus partes. Un estudio del presti-
gioso Massachusetts Institute of Technology (MIT) explo-
ró la existencia de una inteligencia colectiva entre grupos
de personas que colaboran bien entre sí, y demostró que
la inteligencia del conjunto se extiende más allá de la
lograda a través de la suma de las capacidades cognitivas
de los miembros de los grupos de forma individual. Estos investigadores mostraron que hay una eficacia general que predice el rendimiento de un grupo en muchas
situaciones diferentes. Grupos con un excelente rendimiento en una tarea presentaban también un excelente
rendimiento en tareas diferentes. En otras palabras, grupos que fueron exitosos en un desafío serán exitosos en
resolver otros desafíos distintos.

Claro que la inteligencia colectiva como idea y como
práctica ha existido desde siempre. Familias, tribus,
ejércitos y empresas se conformaron para actuar colectivamente de manera inteligente (lo cierto es que no
siempre fue logrado). También, la propia escritura y
su institucionalización en universidades y bibliotecas
(desde la famosa de Alejandría hasta las populares de
la actualidad) tuvieron la intención de fijar y hacer cir-

cular el conocimiento que la sociedad había producido previamente para el aprovechamiento colectivo.

Pero en la última década una nueva dinámica de ejercicio de inteligencia colectiva se ha consolidado: millones de personas conectadas por Internet desarrollan e intercambian información a través de una red multidireccional, interactiva y universal. Las muestras más notables están dadas por los motores de búsqueda como google, que organizan y ponen a disposición creaciones de las formas y los orígenes más disímiles para el uso general.

Otra manera de ilustrar este proceso que conforma la inteligencia colectiva está en la evolución de la idea de enciclopedia, desde la monumental obra llevada adelante por Diderot y otros escritores en plena ilustración del siglo XVIII hasta la contemporánea Wikipedia, donde miles de personas en todo el mundo contribuyen a la elaboración de ese complejo sistema de referencia.

Todo lo aquí expuesto no resulta azaroso: los estudios de laboratorio del médico estadounidense John Cacioppo, uno de los líderes y pioneros del campo de las neurociencias sociales, han demostrado que el aislamiento social produce efectos negativos no solo para nuestro ánimo y nuestra conducta, sino también para nuestra salud cognitiva y física en general. Las interacciones sociales que devienen de los procesos que contribuyen a la inteligencia colectiva de un grupo albergan un efecto positivo sobre nuestro bienestar, en múltiples aspectos.

Pero sin dudas una de las mayores representaciones de las construcciones colectivas modernas son los Estados nacionales y sus correspondientes alianzas regionales. Las sociedades organizadas que buscan satisfacer las necesidades básicas de sus ciudadanos y desarrollarse a partir de la historia heredada y, sobre todo, de lo que forjan desde su presente constituyen el rasgo más cabal de inteligencia colectiva que pueden mostrar los seres humanos como especie.

Se trata de que cada uno –el afinador, el intérprete, el compositor, el asistente y el director– ponga lo mejor de sí para hacer sonar cada vez mejor la orquesta.

Aprender del cerebro

El curso dinámico del desarrollo del cerebro resulta uno de los aspectos más fascinantes de la condición humana ya que conjuga la genética y la interacción con el entorno. El cerebro de un recién nacido representa solo un cuarto del tamaño del de un adulto y, en todo el transcurso de su infancia, experimentará un crecimiento intensivo y masivo de neuronas. Pero ese fenómeno eminentemente biológico estará condicionado por la experiencia, ya que será esta la que guíe qué conexiones neuronales se preservarán y qué conexiones se van a eliminar.

Las primeras áreas cerebrales en madurar son las más básicas, relacionadas con la información visual o con el control motor de los movimientos. Más tarde se desarrollan otras, como el lenguaje y la orientación espacial. Las últimas áreas, que maduran recién entre la segunda y la tercera década de la vida, son las que están ubicadas en la zona frontal. Estos datos nos permiten comprender que en el cerebro del niño e, inclusive, en el del adolescente, como ampliaremos en el tercer capítulo, las áreas involucradas en la inhibición del impulso, en la toma de decisiones, en la planificación y en la flexibilidad cognitiva o intelectual, aún están en proceso de maduración.

Todas estas evidencias que surgen de las investigaciones neurocientíficas sobre cómo el cerebro se desarrolla y aprende tienen el potencial de generar un gran impacto en la práctica educativa. La comprensión de los fenómenos de la biología del cerebro en desarrollo permite abordar problemáticas claves para el aprendizaje, tales como la memoria, la atención, la alfabetización, la comprensión de textos, el cálculo, el sueño, la noción de inteligencia, la interacción social, cómo es el impacto emocional e, incluso, qué papel juega la motivación. También existen datos comprobables de cómo el cerebro procesa la información nueva a lo largo de la vida, sobre el papel de la imitación, del necesario tiempo de descanso cerebral para el asentamiento del conocimiento, de la relevancia de la corrección de errores, de la ayuda de la tarea dirigida y de la importancia del papel activo y fundamental del docente. Diversos hallazgos neurocientíficos han demostrado que la interacción con otros humanos resulta central para el aprendizaje de los niños y los adolescentes.

Es en el cruce de diferentes disciplinas donde se logran los mayores conocimientos y las más eficaces prácticas.

Resulta importante recordar que las neuronas se desarrollan a partir de un patrón genético dinámico moldeado por las exigencias y los estímulos del entorno. Imaginemos, por ejemplo, a un violinista. Mueve los dedos de la mano izquierda de manera intensa y precisa para ejecutar eficazmente su instrumento. El área del cerebro encargada del control motor elabora, para esto, mayor cantidad de conexiones neuronales. Esas conexiones permiten que el violinista mejore la destreza con el violín, y esos estímulos, a su vez, generan nuevas conexiones. Esto quiere decir que estamos frente a un sistema que se retroalimenta y produce, en este caso, un círculo virtuoso. Y, como contrapartida, frente a la carencia de estímulos, lo que se produce es un círculo vicioso. Si un chico no recibe suficiente estimulación intelectual, las vías o circuitos neuronales que tienen que eliminarse, no se eliminan, y las vías o circuitos neuronales que tienen que quedar, no quedan.

La relación entre las neurociencias y la educación puede dar lugar a una transformación de las estrategias educacionales que permitirán diseñar nuevas políticas educativas y programas para la optimización de los aprendizajes. Así muchas preguntas sobre la política educacional pueden ser nuevamente abordadas: ¿Cuál es la mejor edad para iniciar la educación formal? ¿Existe una edad crítica más allá de la cual resulta más complejo alcanzar el alfabetismo? ¿Por qué algunos niños aprenden más fácilmente que otros? Las neurociencias pueden contribuir a la búsqueda de estas respuestas y los educadores no deben temer sus aportes, ya que muchos de estos seguramente amplían e, incluso, respaldan sus saberes y prácticas cotidianas de la enseñanza. Asimismo, los neurocientíficos deben trabajar de manera mancomunada con los docentes, ya que son ellos quienes mejor conocen la realidad del aula.

Pero cualquier estimulación y programa educativo, incluso los más innovadores y sofisticados, requieren una condición aún más primaria para el eficaz desenvolvimiento de los cerebros que se forman. Ambiciosas propuestas educativas personales, áulicas o comunitarias fallan no por cuestiones cualitativas de esas experiencias, sino por la mala alimentación del educando. La carencia nutricional produce un impacto tremendamente negativo en el desarrollo neuronal de los niños y los adolescentes. La desnutrición y la malnutrición están asociadas a alteraciones en la actividad de neurotransmisores, las sustancias químicas que median la comunicación entre una neurona y otra. El efecto nocivo se vuelve mayúsculo cuando la insuficiencia se da principalmente por una ingesta paupérrima de distintos nutrientes como proteínas, zinc, ácidos grasos esenciales y hierro. Resulta extremo el ejemplo, pero vale la pena como demostración cabal de lo que decimos: en estudios médicos de niños que murieron por desnutrición, se hallaron un número considerablemente disminuido de neuronas.

La reconocida neurocientífica de la Universidad de Pensilvania Martha Farah estudió el efecto de estas carencias en el cerebro en desarrollo. Sus estudios pudieron arribar a conclusiones sobre los efectos negativos que produce una pobre nutrición, la exposición a toxinas del medio ambiente o cuidados prenatales inadecuados. Pero uno de los elementos más relevantes de sus estudios tuvo que ver con el grado de reversibilidad de estas condiciones. Como hemos suscripto, el cerebro es plástico y tiene la capacidad de cambio, por lo que se debe comprender que la necesidad de los adecuados estímulos, alimentación y contención afectiva es urgente y, aunque el tiempo haya pasado, siempre será favorable la intervención.

Una investigación esclarecedora sobre esta capacidad de cambio del cerebro la llevaron adelante algunos científicos de la Universidad de Londres a partir de 1989, cuando estudiaron el caso de chicos huérfanos que habían estado en los orfanatos de la Rumania de Ceaucescu. Hacia fines de la década de 1980, se calcula que entre 65 000 y 100 000 niños vivían en orfanatos. Los niños pasaban hasta veinte horas por días sin atención. A partir de la caída del dictador, vastas campañas fueron impulsadas para que familias de todo el mundo adoptaran a estos niños. Al momento de ser adoptados, los niños mostraban severos déficits de aprendizaje y exhibían alteraciones marcadas de su conducta. Cuando las familias adoptantes supieron brindarle una dieta adecuada, un hogar confortable en lo afectivo y una

educación acorde, muchos niños mostraron una gran
mejoría. Estos resultados permitieron comprobar que
siempre, en mayor o menor grado, el estímulo positivo
favorece a la condición. El cerebro es un órgano lo suficientemente hábil y flexible para adaptarse a un destino
más conveniente, es decir, más feliz.

La familia, las instituciones, la pequeña comunidad
y la sociedad organizada en estados son los responsables
del desarrollo de niños y adolescentes. ¿Qué sentido tienen estas pequeñas comunidades o una sociedad que se
organiza en inmensas estructuras burocráticas sino que
ese destino de realización plena y felicidad sea posible?
¿Qué otra inversión pública para nuestros estados puede
ser más prioritaria que alimentar, curar y educar a un
cerebro que está en desarrollo? Esos niños y adolescentes deben ser los verdaderos privilegiados porque así lo
requiere el orden de la naturaleza y la cultura, y porque
serán los que se volverán grandes y trazarán con sus manos los nuevos destinos propios, los de sus comunidades,
los nuestros, al fin y al cabo.

La ciencia no puede sola con los enigmas del cerebro

Los avances en la investigación del cerebro —tales
como el descubrimiento de la base molecular de muchos trastornos psiquiátricos, las drogas psicotrópicas,
descubrimientos sobre Alzheimer y Parkinson, la neu-

robiología de las decisiones morales o las moléculas que consolidan o borran los recuerdos– nos parecen notables también por sus repercusiones sociales y culturales. El rápido avance de las tecnologías ofrece una visión sin precedentes sobre el funcionamiento del cerebro, y transforma nuestra comprensión de conceptos tales como la conciencia y el libre albedrío.

Pero, una vez más en la historia, la gran cuestión que se presenta frente a tamaños avances es si esto llevará a que por fin se sepa todo, se descifren todos los enigmas, se acaben todos los misterios.

Esto es algo de lo que podría presumir la ciencia por abonar la solución a los perjuicios del desconocimiento, pero también puede entenderse como el camino hacia un potencial futuro desabrido, a un mundo vulgar que, como dirían los "hombres sensibles de Flores" de Alejandro Dolina, conviene desestimar por solo contar con cosas de las que uno está seguro.

Las narrativas artísticas ofrecen paradigmas alternativos de la vida humana sobre la base de una pluralidad y exhiben preocupaciones o esperanzas ligadas a los avances científicos. Tan rica y compleja es la estructura del cerebro humano que cuestiona con el arte lo que entendió con la ciencia.

*

En resolución, él se enfrascó tanto en su lectura, que se le pasaban las noches leyendo de claro en claro, y los días de turbio en turbio; y así, del poco dormir y del mucho leer se le secó el cerebro, de manera que vino a perder el juicio. Llenósele la fantasía de todo aquello que leía en los libros, así de encantamientos como de pendencias, batallas, desafíos, heridas, requiebros, amores, tormentas y disparates imposibles; y asentósele de tal modo en la imaginación que era verdad toda aquella máquina de aquellas sonadas soñadas invenciones que leía, que para él no había otra historia más cierta en el mundo.

De *Don Quijote de la Mancha*
Miguel de Cervantes
(Alcalá de Henares, 1547-Madrid, 1616)

Capítulo 2

Memoria: saber recordar y saber olvidar

Al hablar de *memoria*, nos referimos al proceso de codificación, almacenamiento y recuperación de la información. Existen varios sistemas de memoria que se distinguen por el material involucrado, por el marco temporal sobre el cual opera y por las estructuras neurales que los soportan. Una clasificación general diferencia la memoria relacionada con actos conscientes (memoria explícita o declarativa) de aquellas tales como reflejos condicionados o habilidades motoras que no dependen de un pensamiento consciente (memoria implícita o procedural). La memoria explícita se divide, a su vez, en dos sistemas: *1)* el almacenamiento y recuerdo de experiencias personales ocurridas en un tiempo y lugar particular (por ejemplo, recordar el día en que nació nuestro hijo o que egresamos de la escuela secundaria), denominada *memoria episódica*; y *2)* el almacenamiento permanente de conocimientos representativos de hechos y conceptos, así como palabras y sus significados (por ejemplo que París es la capital de Francia o a qué nos referimos cuando decimos la palabra *vaca*), denominada *memoria semántica*. Por su parte, la memoria de trabajo –antes llamada *de corto plazo*– se refiere al sistema de la memoria responsable del recuerdo inmediato de cantidades limitadas de datos verbales o espaciales que están disponibles para la manipulación mental inmediata.

Recordar en sí mismo no es una sola habilidad sino un proceso conformado por diversas habilidades o capacidades. La capacidad de recordar algo, como dijimos, involucra tres estadios diferentes: codificación, almacenamiento y recuperación.

Algunas personas encuentran de gran ayuda pensar esto como el acto de incorporar, procesar y encontrar un libro en una voluminosa biblioteca:

- Codificar: significa incorporar la información y registrarla. En nuestra analogía, el bibliotecario le pone la signatura o código a un nuevo libro y lo ingresa en el catálogo en el lugar que le corresponde.
- Almacenar: se trata de guardar la información en la memoria hasta que se la necesite. Para la eficacia de esto último, se la mantiene en un lugar que sea fácil de encontrar. En la analogía, el libro es colocado en los estantes de la sección correspondiente.
- Recuperar: incluye recobrar el recuerdo cuando resulta necesario. En comparación con la biblioteca, si una persona quiere un libro tiene que averiguar en el catálogo, buscar dónde está, encontrarlo en el estante y tomarlo para sí.

Una salvedad importante en la comparación que presentamos es que, en la memoria, a diferencia de la biblioteca, el tiempo que pasa entre la incorporación de la información y su requerimiento desempeña un papel preponderante.

Usando este enfoque, entonces, podemos dividir a la memoria en:

- Memoria de trabajo (segundos a minutos)
- Memoria a largo plazo (días a años)
- Memoria prospectiva

La memoria de trabajo o inmediata es la memoria utilizada para la información que ha sido presentada hace unos segundos. Por ejemplo, usamos este aspecto de la memoria cuando miramos un número de teléfono y lo mantenemos en la mente solo el tiempo indispensable para poder marcarlo. También es indispensable para hacer un cálculo mental o para comprender un enunciado complejo.

La memoria a largo plazo compone un sistema diferente, donde la información es almacenada hasta que se la necesite oportunamente. Esta memoria está conformada por diversas partes, e incluye la memoria diferida, la memoria reciente y la memoria remota. Veamos:

- La memoria diferida: es la memoria para los eventos que pasaron o la información que ha sido presentada hace unos minutos. Estaríamos usando esta memoria si, en el ejemplo anterior, hubiésemos hecho el esfuerzo de retener el número de teléfono y recordado media hora después.
- La memoria reciente: es la memoria para los eventos que pasaron o la información que ha sido presentada

hace unos días; por ejemplo, lo que hicimos este último fin de semana.

• La memoria remota: es la memoria para los eventos que pasaron o la información que ha sido presentada hace unos años; por ejemplo, las cosas que
sucedieron cuando íbamos a la escuela.

Por último, la memoria prospectiva es la memoria
para las cosas que estamos planeando hacer en el futuro
(por ejemplo, recordar la llamada que debemos hacer a
una amiga, ir a una entrevista en el hospital el mes que
viene o mandarle un mensaje de cumpleaños a un amigo en el momento indicado). Esta capacidad de prever
escenarios futuros específicos podría estar estrechamente
relacionada con la capacidad de recordar episodios concretos de nuestro pasado (es decir, la memoria episódica).
De hecho, las personas que no pueden recordar detalles
específicos de su pasado, parecen tener afectada la capacidad de vislumbrar mentalmente experiencias personales futuras.

*

Esta breve introducción nos permite presentar una
aproximación explicativa sobre el fascinante tema de la
memoria humana, que profundizaremos a lo largo de
este segundo capítulo del libro. La memoria selectiva y
la memoria emocional, el olvido sano y el olvido patológico, cómo influye el sueño en la memoria, el problema

del estrés y de la amnesia, son algunos de los enigmas que iremos descifrando en estas páginas. Ya más entrado el capítulo, abordaremos entre otros temas específicos ligados a la memoria: los recuerdos traumáticos, la resiliencia y el impacto de las nuevas tecnologías; y, también, la enfermedad del Alzheimer, una epidemia del siglo xxi.

*

Memorias en red

Cuando un niño va a la escuela o escucha la explicación de sus padres sobre tal cosa, o cuando un adulto viaja por primera vez a una ciudad desconocida o lee una revista de divulgación, lo que sucede en la mente de todas esas personas es que *obtienen* información nueva. Pero para que exista un proceso eficaz de aprendizaje, lo que se requiere es que la memoria cumpla su papel clave, es decir, la posibilidad de persistencia de ese conocimiento para que la información sea conservada y recuperada más tarde cuando se la necesite.

Y es justamente en esa capacidad de aprender que existe la posibilidad de supervivencia del ser humano. La historia misma de cada uno de nosotros puede leerse en clave del conocimiento adquirido para adaptarse a situaciones nuevas por el hecho de haber conocido (y procesado) situaciones viejas. Eso *es* aprender y solo es posible por obra de la memoria. Como hemos dicho, la información se codifica en nuestro cerebro, se almacena y luego se recupera en el momento de la acción. Esa memoria en singular a la que nos referimos no es tal, ya que las investigaciones científicas han demostrado que la memoria no representa un sistema unitario. El cerebro funciona como una red, al conectar distintas áreas. Existen varios sistemas según la información que se quiera adquirir, retener y evocar. Estudios de pacientes neurológicos y de neuroimágenes funcionales sugieren que la memoria es una colección de habilidades mentales que usan diferentes sistemas neuroanatómicos cerebrales. Como hemos esbozado en el capítulo anterior, una persona puede tener registro consciente de la memoria (*yo sé que recuerdo un hecho y puedo evocarlo por mi propia voluntad, por ejemplo, que me encontré con un compañero de la primaria por la calle*), o puede existir de manera implícita, funcionando de forma no consciente en la vida de un individuo (por ejemplo, cuando ando en bicicleta sin estar recordando cómo aprendí a hacerlo).

Otra de las maneras de comprender algunas memorias que ya presentamos en la introducción de este capítulo es tomar casos en los que estas presentan alguna dificultad:

- Memoria episódica: Juan tiene amnesia por una lesión en el hipocampo, una región del cerebro con forma de caballito de mar, clave para la consolidación de la memoria. Juan conserva perfectamente memorias de la infancia, pero no recuerda qué ha desayunado ese día o si fue al cine el día anterior.

Estamos ante una falla de la memoria episódica, que recuerda experiencias personales que están vinculadas de manera precisa al momento en que ocurrieron.

- Memoria semántica: María tiene una enfermedad degenerativa que produce una atrofia selectiva de la corteza temporal lateral izquierda. Aunque no sabe qué es un auto podría manejarlo sin mayores problemas, ya que su memoria procedural –como referimos, la evocación de un acto motor aprendido– sigue intacta. Aquí falla la memoria semántica, que es el conocimiento de los hechos, conceptos, objetos, palabras y sus significados.

Tanto la memoria episódica como la semántica están disponibles al acceso consciente (declarativa), en cambio comer –o manejar un auto– depende del sistema de memoria implícita.

- Memoria de trabajo: Marcelo sufre una depresión importante, por lo que tiene problemas para concentrarse, pérdida del hilo de la conversación y dificultad en la realización de diferentes tareas al mismo tiempo. Esta es una falla de la memoria de trabajo. Es la capacidad de operar con información múltiple que será descartada luego de su utilización.
- Memoria emocional: Pedro tiene miedo cada vez que sube a un elevador. Cuando lo hace se activa su amígdala, una parte del cerebro pegada al hipocampo con forma de almendra. Pedro tuvo en

el pasado una experiencia desagradable en un elevador y ahora su amígdala se activa ante una situación semejante. Este proceso está regido por la memoria emocional. Estamos ante un mecanismo de supervivencia destinado a evitar volver a pasar por situaciones riesgosas.

Si pensamos en nuestra vida cotidiana, veremos que todo lo que hacemos está mediado de una manera u otra por la memoria, o, mejor dicho, por las distintas memorias que tienen una manera particular y diferente de catalizar la experiencia.

La memoria semántica

Cuando la peste del insomnio asoló Macondo, el mítico paraje de *Cien años de soledad*, todos fueron perdiendo poco a poco la memoria. Pero ¿cuáles fueron aquellos recuerdos que fueron olvidando? Como dijimos, la memoria no es algo unitario sino que existen sistemas de memorias específicos, distintos y relativamente independientes entre sí. Estos sistemas pueden identificarse no solamente con base en sus diferencias funcionales, sino también desde sus circuitos y conexiones cerebrales. Nos interesa en este apartado ahondar sobre uno de estos sistemas, el que conforma la memoria semántica.

El ser humano se encuentra inmerso en un universo de palabras, conceptos, ideas y símbolos. Por ello, nuestro cerebro debe poder organizar la información, para lograr acceder a ella de manera ordenada, efectiva y casi automática a partir de los diversos estímulos. Para ello, el cerebro almacena el conocimiento conceptual en los circuitos de la *memoria semántica*, a la cual recurre permanentemente para recuperar el significado de las palabras, los objetos y el conocimiento del mundo en general. La memoria semántica contiene información según sus propiedades perceptuales, funcionales, abstractas y asociativas, entre otras. Por ejemplo, que *un perro es un mamífero, tiene cuatro patas, ladra, es peludo y doméstico*. De esta forma, siguiendo el ejemplo, somos capaces de distinguir un perro de un gato. Esta memoria también nos permite comprender que un labrador y un pequinés pertenecen ambos a la categoría *perros*, aunque sean tan distintos de forma y tamaño.

En una condición neurológica denominada *demencia semántica*, este tipo de memoria se afecta de manera específica, aun cuando otras memorias u otras habilidades cognitivas se mantengan preservadas. Allí es cuando se vuelve tan evidente la función crucial que cumple este sistema de categorías en nuestro cerebro: en esta enfermedad, la información almacenada se va perdiendo gradualmente. En sus estadios iniciales, el paciente podrá distinguir una silla de una manzana pero tendrá grandes dificultades para entender que una manzana es distinta de un durazno, pues ambos están dentro de la categoría *frutas* y las subcategorías que permitirían distinguirlas se han vuelto inaccesibles. En otros casos más avanzados, los pacientes pueden hacer cálculos matemáticos pero no saben qué es un número. Esta condición afecta conocimientos tanto verbales como no-verbales. Una muestra de esto es que si a un paciente con afectación semántica se le muestran tres dibujos (arena, computadora y palmera) y se le pide que señale los dos dibujos que están relacionados entre sí (arena y palmera), este no lo podrá hacer aunque esta tarea no requiera el lenguaje.

Este complejo sistema había comprendido Aureliano Buendía, uno de los personajes principales de la célebre novela de García Márquez, cuando intentó paliar de alguna manera la peste que llevaba al inexorable olvido semántico. Lo que hizo, entonces, fue marcar con un hisopo entintado cada cosa con su nombre: mesa, silla, reloj, etc.; luego fue más explícito, y sobre el cuero de la vaca colgó el letrero que decía: "Esta es la vaca, hay que ordeñarla todas las mañanas para que produzca leche y a la leche hay que hervirla para mezclarla con el café y hacer café con leche". Así pretendió apuntalar la memoria semántica, uno de los sistemas de la memoria humana, y capturar al menos por un tiempo estos significados que se le habían vuelto escurridizos.

Sobre la memoria emocional

Si el ser humano no tropieza más veces con la misma piedra es porque tiene memoria del pie, de la piedra, del tropiezo y, sobre todo, del dolor que le produjo.

La emoción es un proceso por el cual sentimos que algo importante para nuestro bienestar está ocurriendo, a partir de lo que se desata un conjunto de cambios fisiológicos y del comportamiento. La memoria emocional es la capacidad de adquirir, almacenar y recuperar información relacionada con la emoción. El psicólogo suizo Édouard Claparède describe un caso que ayuda a comprender el significado de la memoria emocional. Claparède veía a una mujer que había perdido la capacidad de formar nuevas memorias personales. Una lesión cerebral le impedía recordar cualquier evento ocurrido después de la lesión. Todas las personas que la mujer había conocido después eran olvidadas en unos instantes, y cada día Claparède debía presentarse a su paciente sin que esta tuviese ningún registro de haberlo visto con anterioridad. Su memoria episódica, la relacionada con los conocimientos de hechos vividos, estaba destrozada. Un día Claparède pensó en implementar una nueva estrategia. Escondió un alfiler en su mano derecha y, cuando saludó a su paciente, esta recibió un pinchazo. En la siguiente sesión, la paciente seguía sin recordar quién era Claparède pero había un notable cambio: la paciente se negaba a estrechar la mano del psicólogo. Si bien ella no recordaba el evento sucedido, otro tipo de memoria estaba actuando: una memoria que le permitía asociar esa persona, no con un evento, sino con una situación emocional.

El conocimiento explícito de las situaciones depende del hipocampo mientras que la memoria emotiva dependería de la amígdala. La paciente tenía dañado su hipocampo pero sus amígdalas seguían activas, recolectando información emocional. La emoción, tema que abordaremos en detalle en el próximo capítulo, es un mecanismo adaptativo que tiene como objetivo la supervivencia del individuo. El recuerdo, ya sea consciente o inconsciente, de situaciones emocionalmente significativas tiene como finalidad el protegernos frente a situaciones amenazantes. Si metimos un dedo en un enchufe y tras ello recibimos un shock eléctrico, recordar con miedo esta situación nos protegerá de cometer otra vez el mismo error.

Este simple mecanismo, el de asociar un estímulo con una emoción particular, nos permite que, frente a la presencia de ese estímulo o a cualquier indicador del mismo, nuestro cuerpo reaccione con dicha emoción avisándonos, de alguna manera, del peligro probable. Lo mismo ocurre con estímulos placenteros y emociones positivas.

Diferentes investigaciones demuestran que las mismas respuestas emocionales se producen cuando uno experimenta directamente el estímulo desagradable del daño, y cuando uno se enfrenta a un estímulo desagradable observado en otros como dañino o sobre cuyo posible daño nos han informado.

Esto hace de la memoria emocional un mecanismo eficiente: recordamos mejor aquellas cosas que tienen un contenido emocional.

Los ojos bien abiertos y el recuerdo de lo que nos hizo bien y lo que nos hizo mal nos ayudan a evitar los tropiezos al saber esquivar a tiempo las piedras del camino. Y a disfrutar del viaje, que de eso se trata andar.

Detalles de la memoria autobiográfica

Llamamos *memoria autobiográfica* a la colección de los recuerdos de nuestra historia. La memoria autobiográfica nos permite codificar, almacenar y recuperar sobre eventos experimentados de forma personal, con la particularidad de que, cuando opera, tenemos la sensación de estar *reviviendo* el momento. Ese componente personal le da una particularidad esencial a la memoria autobiográfica: está definida por lo episódico, es decir, podemos asignarle un tiempo y un espacio a cada una de nuestras memorias. Por ejemplo: muy probablemente nos acordemos de la primera vez que conocimos el mar. Cuando recordamos este tipo de eventos, no solo recordamos dónde fue y con quién estábamos, también *los sentimientos y las sensaciones* tales como la del agua en los pies, el ruido del mar y, de alguna manera, así las revivimos. Esto tiene sentido porque las estructuras cerebrales que están involucradas en la memoria autobiográfica también alimentan circuitos neurales ligados con las emociones.

Los hechos autobiográficos con fuerte carga emocional se recuerdan más detalladamente que los hechos rutinarios con baja implicancia emocional.

¿Acaso no conservamos el recuerdo de qué estábamos haciendo el 11 de septiembre de 2001 por la mañana? Y el día siguiente, ¿también lo recordamos?

Pero la emoción tiene un papel, además, cada vez que evocamos este tipo de recuerdo. La forma en que recorda-

mos un evento en particular no es muchas veces una re-
copilación exacta de cómo sucedió originalmente, sino el
modo en que lo relatamos la última vez. Y si esa última vez
estábamos más contentos, seguramente hayamos cargado
con esos condimentos positivos el recuerdo. Por el contrario, si nuestro ánimo era más bien negativo, seguramente el recuerdo tenga un tinte más pesimista. La memoria,
cuando se evoca, se hace inestable, frágil y permeable a
nuestras emociones del presente.

Recordar es en gran parte un acto creativo –y de imaginación–, ya que las memorias se reconstruyen cuando
las evocamos. La memoria autobiográfica puede también
verse afectada en diversas condiciones neurológicas y psiquiátricas. Esto puede ser frustrante para el paciente y
muy consternante para sus familiares, que poco a poco
sienten cómo esos rasgos identitarios de su ser querido se
van deteriorando.

La memoria autobiográfica es la que nos permite, entonces, recordar no solo los eventos, sino también revivir
aquellos sentimientos asociados a esos eventos. Si borrá-
semos nuestros recuerdos autobiográficos, perderíamos
gran parte de lo que somos. Al fin de cuentas, más importante que el lugar en el cual nos hallamos es el camino
que recorrimos para llegar.

*

*Así, el lado de Méséglise y el lado de Guermantes, para
mí, están unidos a muchos menudos acontecimientos de esa*

vida, que es la más rica en peripecias y en episodios de todas las que paralelamente vivimos, de la vida intelectual. Claro es que va progresando en nosotros insensiblemente, y el descubrimiento de las verdades que nos la cambian de significación y de aspecto y nos abren rutas nuevas, se prepara en nuestro interior muy lentamente, pero de modo inconsciente; así que, para nosotros, datan del día, del minuto en que se nos hicieron visibles. Y las flores, que entonces estaban jugando en la hierba; el agua que corría al sol, el paisaje entero que rodeó su aparición, siguen acompañándolas en el recuerdo con su rostro inconsciente o distraído; y ese rincón de campo, ese trozo de jardín, no podían imaginarse cuando los estaba contemplando un niño soñador, un transeúnte humilde. Como un memorialista confundido con la multitud que admira a un rey, que gracias a él estaban llamados a sobrevivir hasta en lo más efímero de sus particularidades; y, sin embargo, a ese perfume de espino que merodea a lo largo de un seto donde pronto vendrá a sucederle el escaramujo, a ese ruido de pasos sin eco en la arena de un paseo, a la burbuja formada en una planta acuática por el agua del río y que estalla enseguida, mi exaltación las ha llevado a través de muchos años sucesivos, se los ha hecho franquear a salvo, mientras que por alrededor los caminos se han ido borrando, han muerto las gentes que los pisaban. Muchas veces, ese trozo de paisaje que así llega hasta mí, se destaca tan aislado de todo lo que flota vagamente en mi pensamiento, como una florida Delos, sin que me sea posible decir de qué país, de qué época quizá de qué sueño, sencillamente me viene. Pero el poder pensar en el lado de Guermantes y en el *de Méséglise, se lo debo a esos yacimientos profundos de mi suelo mental, a esos firmes terrenos en que todavía me apoyo. Como creía en las cosas y en las personas cuando andaba por aquellos caminos, las cosas y las personas que ellos me dieron a conocer son los únicos que tomo aún en serio y que me dan alegría. Ya sea porque en mí se ha cegado la fe creadora, o sea porque la realidad no se forme más que en la memoria, por ello es que las flores que hoy me enseñan por vez primera no me parecen flores de verdad.*

De *En busca del tiempo perdido — Por el camino de Swann*
MARCEL PROUST
(París, 1871-1922)

*

La memoria selectiva

La mayoría de las personas tienen una memoria muy selectiva, y tienden a recordar los datos o eventos relevantes a su interés, sea del trabajo o de sus pasatiempos. Los abogados y jueces recuerdan las leyes en detalle, los heladeros saben dónde está cada uno de los gustos aunque haya más de cincuenta y los médicos se saben una increíble cantidad de enfermedades aunque la mayoría de las veces los pacientes solo tengan gripe.

Hace varios años, Eleanor A. Maguire, una prestigiosa neurocientífica británica, investigó la memoria de los taxistas de Londres. Observó que los taxistas contaban con una extraordinaria capacidad de memorizar mapas y navegar en las innumerables callejuelas de Londres con gran facilidad. Tomando como base esta investigación, comprobó que tenían más desarrollado el hipocampo. A partir de estos estudios, en Buenos Aires, un grupo de científicos investigamos cómo los clásicos meseros porteños recordaban tantos pedidos sin anotar y, algo más intrigante aún, cómo hacían para servirle el pedido correcto a la persona indicada. En ningún otro lugar del mundo un mesero hace eso. Esta investigación nos permitió concluir, en un artículo que se publicó en el año 2008 en la revista científica *Behavioural Neurology*, que la respuesta a cómo hacen los meseros para recordar y entregar eficazmente la comida y la bebida solicitadas es generar un mapa mental de personas en ubicaciones específicas y asociarlas a los pedidos.

Esta experiencia, que ampliaremos en el próximo apartado, permite también responder uno de los interrogantes sobre el entrenamiento voluntario de la memoria y sus consecuencias. La mejor manera de conservar una gran cantidad de información a través del tiempo es reponerla periódicamente. La revisión del material induce al cerebro a consolidar la información, fortaleciendo así la red neuronal en el cerebro que la contiene (sobre estas estrategias de cómo mantener la mente en forma, ampliaremos en el último capítulo del libro).

El efecto Tortoni

Hace unos años, cuando estábamos con unos amigos en el Café Tortoni de Buenos Aires, nos preguntamos cómo era que los meseros recordaban tantos pedidos sin anotar y cómo hacían para servirle el pedido correcto a la persona indicada. Partiendo de la base de que los meseros son expertos memoriosos, un equipo conformado por investigadores del Instituto de Neurología Cognitiva (Ineco) y del Instituto de Neurociencias de la Fundación Favaloro diseñó un experimento que nos permitiría entender cuál es la estrategia de los meseros argentinos para recordar tantas bebidas y comidas asociadas con las personas adecuadas. El lugar más apropiado para realizar la experiencia fue el contexto natural en el que se desempeñaban los meseros al utilizar su memoria de forma habitual: la cafetería o el bar.

Durante varias semanas, un grupo de ocho personas visitamos clásicos bares porteños (Tortoni, London City, Británico, La Ideal, El Molino y otros). Nos sentamos, realizamos nuestros pedidos y, cuando el mesero no nos veía, nos cambiábamos de lugar. Una vez que el mesero volvía con lo solicitado medíamos si cometía errores al servirnos a cada uno de nosotros. El experimento radicó en determinar si la estrategia del mesero era servir solo a través del recuerdo de las caras o ligar el sitio en el que estaba sentada cada persona con el correspondiente pedido. Si era lo primero, entonces los meseros no tendrían problemas al servir el pedido correcto a cada persona sin tener en cuenta el lugar de origen del pedido. Si, por el contrario, la estrategia de los meseros buscaba asociar el lugar en el que estaban sentados con el pedido, entonces los meseros servirían los pedidos en la ubicación correcta, pero a la persona equivocada.

Los resultados fueron casi siempre una mezcla de ambas situaciones: algunos meseros volvían y dejaban los pedidos en el lugar de la mesa correcto (pero no a la persona correcta) y otros meseros se los entregaban a las personas correctas, a pesar de que estas estuvieran en otro lugar de la mesa.

Estos hallazgos sugieren que el secreto de la memoria de los meseros residía en recordar la asociación de la cara con el lugar. Si una de las variables se modifica, los meseros fallan.

Luego de varios años de entrenamiento diario, los meseros aprenden a incorporar estos *esquemas* de memoria y llenarlos con los datos de cada mesa cada vez que nuevos clientes hacen su pedido. Al cambiarse de lugar, el esquema se rompe y esta memoria espacial de los meseros porteños ya no funciona. En honor al clásico café de Buenos Aires donde se despertó nuestra curiosidad y adonde realizamos parte importante del experimento, denominamos esta investigación sobre la memoria selectiva: Efecto Tortoni.

Otra de las reflexiones interesantes de esta experiencia no tiene que ver directamente con el resultado sino con el método. En general no podemos probar cómo funciona el cerebro en el mundo real, en general hacemos pruebas en el consultorio o el laboratorio, pero esta vez hicimos un diseño que permitió estudiar la memoria de estos expertos en la situación concreta, el bar. Casi siempre los psicólogos de campo (casi antropólogos) solo observan e intentan inferir cómo funciona la mente analizando esas observaciones. Nosotros fuimos un paso más adelante y probamos las hipótesis controlando la situación y comparando dos escenas, una donde nos comportamos como buenos clientes, *clásicos*, y pedimos nuestras bebidas y comidas y el mesero trajo y repartió lo correcto a cada uno; y la otra donde pedimos y nos cambiamos de lugar y el mesero volvió e hizo lo mejor que pudo. Este *paper* resultó original por eso, porque modifica la forma de hacer psicología y ciencias cognitivas de dos maneras: una es que salimos del laboratorio para probar gente en su hábitat natural y la otra es que aun así controlamos las cosas que queríamos cambiar para probar la hipótesis central.

El poder del olvido

El olvido es quizás el aspecto más prominente de la memoria. Podemos contar toda nuestra infancia y adolescencia (aun siendo estas etapas en las cuales vivimos aspectos críticos de nuestras vidas) en no más de unas horas. Aunque durante ese tiempo hayamos aprendido a hablar, a caminar, a experimentar el calor de nuestros padres, el amor, la tristeza y la amistad, lo olvidamos casi todo. En el célebre cuento de Borges *Funes el me-*

morioso, lo que se pone en cuestión no es tanto lo que el pobre Ireneo era capaz de recordar, sino, más bien, lo que era incapaz de olvidar. O mejor, su imposibilidad de transformar los vastos recuerdos en pensamiento ("Pensar –dice el narrador– es olvidar diferencias, es generalizar, abstraer"). Ireneo Funes no podía pasar por alto lo irrelevante, ni establecer asociaciones, ni construir ideas generales de las cosas. Para los seres humanos, poder olvidar es tan importante como poder recordar. Si nuestro sistema nervioso no hubiese desarrollado mecanismos para evitar formar ciertas memorias irrelevantes y para intentar olvidar algunas otras, sería difícil no sucumbir en un estilo de vida como el de Funes.

Algunos olvidos son intencionales, establecidos por sistemas inhibitorios en el cerebro para suprimir memorias. En un estudio de la Universidad de Stanford, se observó a través de neuroimágenes que cuando se pedía a los participantes que activamente suprimieran ciertas memorias, había una gran activación de la corteza prefrontal (la parte más anterior de nuestro cerebro) y una menor activación del hipocampo. Estos mecanismos inhibitorios comparten estructuras con los procesos involucrados en la inhibición de los movimientos: por ejemplo, si vemos que una maceta está por caerse del marco de la ventana, tendemos a intentar atraparla, pero podemos inhibir ese movimiento si nos damos cuenta de que la planta es un cactus y nos podemos pinchar. "Otros olvidos son producidos por nuestro cerebro por cuenta propia sin que le pidamos nada; el cerebro se encarga de tornar inaccesible la evocación de ciertas memorias", dice el investigador argentino Iván Izquierdo, autor de *El arte de olvidar.*

Esto no ocurre, como hemos referido, con memorias asociadas a emociones intensas. Múltiples experimentos han demostrado que las memorias asociadas a una carga emocional intensa logran una mejor consolidación, puesto que dichas emociones disparan cascadas químicas y fisiológicas en nuestro organismo que favorecen la formación de nuevas memorias. Esto último ha permitido el desarrollo de originales líneas de investigación destinadas al tratamiento de pacientes con estrés postraumático.

En el cuento de Borges, Ireneo Funes le confiesa al narrador: "Mi memoria, señor, es como un vaciadero de basuras". En el sabio provecho del recuerdo de ese pasado en el presente —eso que Funes el memorioso no pudo lograr— se encuentra una de las claves de lo que los seres humanos haremos del futuro.

¿Qué están haciendo las nuevas tecnologías con nuestro cerebro?

La tensión entre la exaltación y el pesimismo en nuestras sociedades es un fenómeno que se realza frente a las grandes transformaciones de la cultura. Apocalípticos e integrados, como los llamaría Umberto Eco, pugnan por interpretar cualquier novedad de acuerdo con sus expectativas.

La invención de internet generó una de las grandes revoluciones de la historia de la civilización, ya que modificó de cuajo las prácticas de sociabilidad, comunicación y acceso a la información. La sociedad digital se extiende de manera vertiginosa y transforma aspectos fundamentales del ser humano.

Una de las grandes transformaciones de esta nueva realidad se da a partir de la idea de un presente permanente y de una totalidad abarcable con solo presionar un botón para la navegación por la web (pero podríamos ampliar a la telefonía celular, el email, el chat, el uso de redes sociales, etc.).

Como hemos dicho, existen diferentes tipos de memoria que involucran diferentes áreas cerebrales, siendo el lóbulo frontal el principal motor de búsqueda de nuestro cerebro. Asimismo, esta área del cerebro se asocia con la memoria de trabajo, es decir, con esta capacidad de mantener la información en la mente disponible para su manipulación. El lóbulo frontal es también fundamental para la capacidad de realizar diversas tareas simultáneamente manteniendo en la mente una meta principal y de orden superior. Además, esta área del cerebro está relacionada con nuestra atención, es decir, con la capacidad de focalizar en cierta información a expensas de otra, de cambiar de una a otra o de atender (alternadamente) a dos fuentes de información al mismo tiempo.

Vale preguntarnos entonces qué cambios precisará nuestro cerebro en constante adaptación a partir de que nos enfrentamos a esta nueva manera de procesar la información. Esta situación que promueve el acceso de la información de manera absolutamente distinta a como resultaba hace cincuenta años también moviliza a reflexionar hasta qué punto nuestro cerebro puede sostener esa estimulación operativa y esas tareas múltiples. No es casualidad que sea entonces el lóbulo frontal el área que ha ganado más espacio en nuestra evolución.

Es importante tener en cuenta que cierta sobreexigencia puede derivar, sobre todo cuando el cerebro está en desarrollo, en un trastorno compulsivo. La persona que transita largas sesiones conectada en detrimento de otras actividades, con necesidad imperiosa de conectarse y gran malestar si no puede, con dificultades para autolimitarse y con efectos nocivos en su estado de ánimo (usualmente depresión y ansiedad), tiene los síntomas más frecuentes de este trastorno adictivo.

Esto no significa que los usos normales de estas tecnologías lleven a esta condición, sino que, por lo general, quienes la padecen son personas que presentan una neurobiología particular que los hace más vulnerables a caer en estas conductas compulsivas.

Borges (otra vez Borges) describió en uno de sus relatos a la de Babel como una biblioteca total e interminable, con una naturaleza informe y caótica, pero que a través de ella el universo estaba justificado, que con ella el universo había usurpado bruscamente las dimensiones ilimitadas de la esperanza. Muchos leyeron esto como una alegoría anticipatoria de internet. Parece ser que

también, cuando se trata de nuevas tecnologías y neurociencias, se debe invocar al Maestro.

El efecto google

Desde hace un tiempo los titulares del mundo se hicieron eco de supuestos efectos amnésicos de internet,
como si google fuera una maldición en el hipocampo.
Como una extraña paradoja, supimos de esto a través de
esa misma tecnología acusada de ser promotora de la hol-
gazanería de nuestro cerebro. Podemos referirnos, como
ejemplo, a una nota publicada por la columna periódica
que escribe Mario Vargas Llosa para el diario *La Nación*
de Buenos Aires. La columna es del sábado 6 de agosto de
2011 y se titula: "Más información, menos conocimiento". Como se ve, la hipótesis es muy clara y contundente
desde el título, y con buen tino hace prever el tema que
tratará y su desarrollo argumentativo. En el último párra-
fo de la columna, el premio Nobel peruano dice: "Yo ca-
rezco de los conocimientos neurológicos y de informática
para juzgar hasta qué punto son confiables las pruebas y
experimentos que describe en su libro [se refiere a *Superficiales: ¿Qué está haciendo internet con nuestras mentes?*,
de Nicholas Carr]". Atendiendo a estas salvedades ex-
plicitadas por Vargas Llosa, creemos conveniente poder
aportar información sobre ciertas investigaciones que se
están realizando desde la neurobiología y, de esta manera, complementar las apreciaciones realizadas.

Lo que sugieren los estudios apocalípticos sobre internet citados en el artículo es que los procesos de la memoria humana se están adaptando a la llegada de nuevas formas de tecnología y comunicación. Y que esta adaptación es perniciosa para el cerebro porque lo libera de un entrenamiento necesario para su buena salud: "Cuanto más inteligente sea nuestro ordenador, más tontos seremos", dice Vargas Llosa sintetizando estas posturas. Debemos recordar que, para nuestra evolución, este proceso adaptativo no es novedoso ya que, por ejemplo, hemos aprendido desde tiempos remotos que cuando no sabemos algo podemos preguntarle a otra persona que sí lo sabe o, muchos siglos más acá, consultar documentos escritos o bibliotecas para transformar la duda en una certeza. En este caso que refiere Vargas Llosa estamos aprendiendo qué es lo que la computadora *sabe* y cuándo debemos acceder a su *conocimiento* para asistirnos en nuestro propio recuerdo.

En otras circunstancias ya se dio de igual modo la preocupación por las novedades tecnológicas ligadas a la información y el impacto en nuestra mente. Sin embargo, el ser humano aún goza de buena salud. Estos procesos críticos nos permiten, más bien, dar cuenta de un aspecto fundamental de nuestra conformación biológica: la naturaleza limitada de la propia memoria. Como todo bien limitado, actuamos en consecuencia protegiéndolo y utilizándolo con un sentido de la oportunidad. Si aprendemos que la capacidad para acceder a un dato está tan solo a una *búsqueda en google* de distancia, decidimos entonces no destinar nuestros recursos cognitivos a recordar la información, sino a cómo acceder a la misma.

A diferencia de lo que plantea Vargas Llosa en su artículo (que la *inteligencia artificial* "soborna y sensualiza a nuestros órganos pensantes, los que se van volviendo, de manera paulatina, dependientes de aquellas herramientas, y, por fin, sus esclavos", por ejemplo), buscar instintivamente la información en google es un impulso sano. Todos hemos utilizado google para bucear en recuerdos vagos o corregir algún dato inexacto. Sobre este último punto, muchas veces también se desestima la autoridad de los datos extraídos de internet ya que no es el lugar más confiable para precisiones y exactitudes. ¿Y quién puede decir que sí lo es nuestra memoria? Cuando uno experimenta algo, el recuerdo es inestable durante algunas horas, hasta que se fija por la síntesis de proteínas que estabilizan las conexiones sinápticas entre neuronas. La próxima vez que el estímulo recorra esas vías cerebrales, la estabilización de las conexiones permitirá que la memoria se active. Cuando uno tiene un recuerdo almacenado en su cerebro y se expone a un estímulo que se relaciona con aquel evento, va a reactivar el recuerdo y a volverlo inestable nuevamente por un período corto de tiempo, para volver a guardarlo luego y fijarlo nuevamente en un proceso llamado *reconsolidación de la memoria*. La evidencia científica indica que cada vez que recuperamos una memoria de un hecho, esta se hace inestable permitiendo la incorporación de nueva información. Cuando almacenamos nuevamente esta memoria como una nueva memoria, contiene información adicional al evento original. En otras palabras, muchas veces aquello que nosotros recordamos no es el acontecimiento exactamente cual fue en realidad, sino la forma en que fue recordado la última vez que lo trajimos a memoria.

El uso de la web como un banco de la memoria es virtuoso. Nos ahorramos espacio en el *disco duro* para lo que importa y, en todo caso, al entender a Internet como una red, nos trae a cuenta una información variada, un conjunto de voces frente a las cuales el usuario es soberano. Si un hecho almacenado en forma externa fuese el mismo que un hecho almacenado en nuestra mente, entonces la pérdida de la memoria interna no importaría mucho. Pero el almacenamiento externo y la memoria biológica no son la misma cosa. Cuando formamos, o *consolidamos*, una memoria personal, también formamos asociaciones entre esa memoria y otros recuerdos que son únicos para nosotros y también indispensables para el desarrollo del conocimiento profundo, es decir, el conocimiento conceptual. Las asociaciones, por otra parte, continúan cambiando con el tiempo, a medida que aprendemos más y experimentamos más. La esencia de la memoria personal no son los hechos discretos o experiencias que guardamos en nuestra mente, sino la *cohesión* que une a todos los hechos y experiencias.

No existe ninguna evidencia científica de que las nuevas tecnologías estén atrofiando nuestra corteza cerebral. Lo que sí podemos aseverar es que fue esa misma tecnología la que nos permitió estudiar el cerebro *in vivo* a través de, por ejemplo, la resonancia magnética funcional, y, con ella, conocer más del cerebro en las últimas décadas que en toda la historia de la humanidad. Estas investigaciones nos hicieron posible, además, precisar y tratar ciertas enfermedades neurológicas inabordables hasta hace poco tiempo.

En el clásico *Fedro* de Platón se cuenta el diálogo que mantuvieron el rey Tamo y Theuth sobre la invención de la escritura. Theuth está exultante por esta novedad que, dice, servirá para aliviar la memoria y ayudar a las dificultades de aprender. El Rey lo refuta diciendo que la escritura "solo producirá el olvido, pues les hará descuidar la memoria; y filiándose en ese extraño auxilio, dejarán a los caracteres materiales el cuidado de reproducir sus recuerdos cuando en el espíritu se hayan borrado". Tampoco la escritura, dice el Rey, será un buen instrumento de las personas para el conocimiento, "pues cuando hayan aprendido muchas cosas sin maestro, se creerán bastante sabios, no siendo en su mayoría sino unos ignorantes presuntuosos". Aquellos argumentos que hace miles de años justificaban el malestar sobre la escritura, hoy se reiteran con una similitud sorprendente para internet habiendo virado hacia el lado del bien eso otrora maldito.

Como no lo hicieron la escritura artesanal ni la imprenta, internet no corroerá los mecanismos eficaces de pensamiento ya que las virtudes de la interacción social siguen siendo centrales para comprender. En un experimento realizado por Patricia Kuhl y colaboradores en

Estados Unidos, tres grupos de niños que se criaron escuchando exclusivamente inglés fueron entrenados: un grupo se relacionaba con un hablante del idioma chino en vivo; un segundo grupo veía películas del mismo hablante, y el tercer grupo solo lo escuchaba a través de auriculares. El tiempo de exposición y el contenido fueron idénticos en los tres grupos. Después del entrenamiento, el grupo de niños expuesto a la persona china en vivo supo distinguir entre dos sonidos con un rendimiento similar al de un niño nativo chino. Los niños que habían estado expuestos al idioma chino a través del video o de sonidos grabados no aprendieron a distinguir sonidos, y su rendimiento fue similar al de niños que no habían recibido entrenamiento alguno. Esto indica que la clave del conocimiento, la memoria y el desarrollo de la especie sigue siendo no lo que el individuo hace consigo mismo ni con la tecnología sino el puente que construye con sus semejantes.

Mario Vargas Llosa dice que después de leer de un tirón *Superficiales* de Nicholas Carr quedó fascinado, asustado y entristecido. Una respuesta desde la neurobiología quizás pueda morigerar esa apesadumbrada sensación. Otra, desde la intuición. En general, las personas siguen conversando sobre sus cosas además de escribir y leer atentamente, y también usan cotidianamente internet. De hecho no sería extraño ver en un mismo bar de una ciudad como Buenos Aires a dos viejos amigos que conversan efusivamente de la vida, mientras en otra mesa un profesional termina un proyecto en su computadora personal y, en otra, una persona de cualquier edad está encantada leyendo un libro del propio Vargas Llosa.

Los recuerdos indeseados

Todos pasamos, en menor o mayor medida, por instancias dolorosas en nuestras vidas. Eso, irremediablemente, genera recuerdos difíciles que se almacenan en nuestra mente. La mayoría de nosotros somos capaces de convivir con estas memorias, pero algunas personas que experimentaron traumas súbitos o que han sufrido situaciones de maltrato emocional sostenido durante momentos tempranos de sus vidas pueden llegar a sufrir en forma prolongada como consecuencia de esas vivencias. Dolencias como el trastorno de estrés postraumático, en el primer caso, o la depresión, en el segundo caso, tienen que ver con esas experiencias y, por lo tanto, con el modo en que nuestra memoria alberga los recuerdos emocionales.

Como hemos visto, el trabajo de los neurocientíficos permite comprender cómo se forman las memorias en diferentes etapas y esas investigaciones son relevantes para entender las afecciones emocionales y su tratamiento. Sabemos que la conformación inicial de un recuerdo depende del proceso de consolidación de la memoria. Esto es, cada vez que se forma un recuerdo, el cerebro empieza a convertir una memoria temporal en una memoria a largo plazo con el fin de utilizar esa memoria en algún momento en el futuro. Es conveniente reiterar estos procesos.

La evidencia científica indica que cada vez que recuperamos una memoria de un hecho, esta se hace inestable permitiendo la incorporación de nueva información. Cuando almacenamos nuevamente esta memoria como una nueva memoria, contiene información adicional al evento original. Esas nuevas instancias permiten *abrir ventanas* para cambiar la manera en que un recuerdo traumático está conformado y las reacciones emocionales que lo acompañan. Por ejemplo, cuando un paciente que sufre un trastorno de estrés postraumático evoca, con ayuda de un terapeuta y en un contexto seguro, los recuerdos de la situación vivida, para poder atenuar progresivamente las reacciones emocionales intensas que acompañan el recuerdo, está trabajando sobre la *reconsolidación* de esa memoria. O cuando un paciente con una depresión puede modificar en la psicoterapia el modo en que interpreta ciertos eventos de su vida, al cambiar los significados atribuidos, está agregando información adicional o diferente a la que estaba ya almacenada y que realimentaba el sufrimiento una y otra vez.

Evocar nuestros recuerdos perturbadores y revisarlos de un modo sistemático es uno de los tantos modos en que nuestro cerebro puede cambiarse a sí mismo. Las capacidades excepcionales del cerebro y la memoria humana nos permiten trasladar cierto sufrimiento vivido desde un perturbador y continuo presente a un pasado simple que, en lugar de doler, nos sirva para ser más sabios en el futuro.

*

Yace Cósimo Schmitz muerto, y quince días después el Tribunal hace la declaración rehabilitante siguiente:

"Un conjunto de fatalidades sutilísimas que ha obnubilado la mente de este tribunal lo ha incurso en un fatal error sumamente lacerante. El infeliz Cósimo Schmitz era un espíritu inquietísimo y afanoso de probar toda novedad mecánica, química, terapéutica, psicológica que se da en el mundo; y así fue que un día se hizo tratar, hace quince años, por el aventurero y un tiempo celebrado sabio Jonatan Demetrius, que, no obstante su cinismo, efectivamente había hecho un gran descubrimiento en histología y fisiología cerebral y lograba realmente, por una operación de su creación, cambiar el pasado de las personas que estuviesen desconformes con el propio.

"A su consultorio cayó el ávido de novedades Cósimo Schmitz, infeliz; protestó de su pasado vacío y rogó a Demetrius que le diera un pasado de filibustero de lo más audaz y siniestro, pues durante cuarenta años se había levantado todos los días a la misma hora en la misma casa, hecho todos los días lo mismo y acostándose todas las noches a igual hora, por lo que estaba enfermo de monotonía total del pasado.

"Desde allí salió operado con la conciencia añadida, intercalada a sus vaguedades de recuerdo, de haber sido el asesino de toda su familia, lo que lo divirtió mucho durante algunos años pero después se le tornó atormentador. Cumple al tribunal en este punto manifestar que la familia de Cósimo Schmitz existe, sana, íntegra, pero que huyó colectivamente

*atemorizada por ciertas señas de vesania en Schmitz, ocu-
rriendo esto en una lejana llanura de Alaska; de allí provino
a este tribunal la información de un asesinato múltiple que
no existió jamás.*

*"Confiesa, pues, el tribunal, que si Cósimo Schmitz fue
un total equivocado en sus aventuras quirúrgicas, más lo ha
sido el tribunal en la investigación y sentencia del terrible e
inexistente delito que él confesaba".*

*Pobre Cósimo Schmitz, pobre el Tribunal de Alta Cale-
donia.*

De *Cirugía psíquica de extirpación*
MACEDONIO FERNÁNDEZ
(Buenos Aires, 1874-1952)

*

Sobre los déficits de memoria

Cualquier caracterización de los problemas de memoria debe hacerse con precaución ya que se deben tener en
cuenta no solo los criterios de contenido (qué se está olvidando) sino también criterios evolutivos (el comienzo y
curso), anatómicos y etiológicos (cuáles son sus causas).

Al llegar un paciente a la consulta de un médico, a este
último le resulta fundamental identificar también el contexto cognitivo, es decir, qué otras áreas están afectadas:
cuando los olvidos son la queja primaria, se debe reconocer si la memoria es el único aspecto de la cognición que

está afectado o si los problemas de memoria son solo los más salientes o fáciles de identificar de un espectro más amplio de problemas. Es común en la práctica clínica que pacientes se quejen de tener dificultades de memoria pero en realidad los déficits son más generales o involucran otros dominios cognitivos (por ejemplo, anomia, trastornos del estado de ánimo o, como hemos visto, alteraciones de la atención).

Los criterios evolutivos de la enfermedad son también importantes para la etiología de la amnesia. Es útil detectar si hay variación a lo largo del día o una sensación de fluctuación de la severidad del déficit. Además, pacientes con disfunción ejecutiva pueden tener un rendimiento inconsistente en pruebas de memoria. Es posible caracterizar los síndromes amnésicos como de comienzo rápido o gradual y usar esta dicotomía en el diagnóstico diferencial. Sin embargo, determinar el comienzo de la evolución de la enfermedad puede ser difícil, especialmente en ausencia de alguien que nos provea un relato confiable.

Sobre la amnesia

La amnesia es un síndrome caracterizado por dificultades para el aprendizaje de nuevo material y para la evocación de eventos pasados a pesar de existir una habilidad intelectual global preservada. El síntoma característico de la amnesia es el olvido, el cual puede afectar la capacidad de realizar nuevos aprendizajes (amnesia anterógrada) o la capacidad de evocar el material aprendido previo a la injuria cerebral (amnesia retrógrada).

La amnesia anterógrada ha sido descripta como una condición producida tras el daño de los hipocampos. La función de esta área cerebral en la capacidad de realizar nuevos aprendizajes queda expuesta a partir de la descripción del caso de un paciente. HM era un joven con una epilepsia temporal desde los 9 años, la cual no mejoraba a partir del tratamiento farmacológico. Para mejorar sus crisis epilépticas, el paciente fue sometido a una operación para la resección bilateral de sus hipocampos. Tras esta operación, HM perdió la capacidad de formar nuevas memorias personales más allá de que el resto de sus funciones cognitivas estaban conservadas. Así, todas las personas que HM había conocido después de dicha lesión eran olvidadas al instante y cada día sus terapeutas debían presentarse a su paciente sin que este tuviese ningún registro de haberlo visto con anterioridad. Posteriormente, y con el estudio de otros casos similares al de HM, la relación entre la capacidad de realizar nuevos aprendizajes y esta estructura cerebral llamada *hipocampo* quedó establecida.

Lamentablemente, el hipocampo puede ser afectado por diversas razones. Dado que las células hipocámpicas son muy frágiles y sensibles a la falta de oxígeno, todas las lesiones relacionadas con deficiencia de oxígeno arterial pueden presentar síndromes amnésicos tipo hipocámpicos: paros cardíacos, problemas respiratorios, intoxicación por dióxido de carbono, etc. Además, como ampliaremos, el hipocampo es la estructura por excelencia asociada a la enfermedad de Alzheimer.

Otro síndrome que presenta características similares a la amnesia hipocámpica es la amnesia global transitoria, la cual suele ocurrir en pacientes entre los 60 y 70 años. El paciente desarrolla repentinamente una amnesia anterógrada brusca siendo incapaz de retener cualquier información nueva por más de unos escasos segundos. Esta amnesia anterógrada es acompañada por una amnesia retrógrada variable respecto de los hechos ocurridos durante las últimas semanas, meses e incluso años. Los pacientes se presentan desorientados y repiten continuamente las mismas preguntas aunque no tienen problemas de atención, de conciencia ni de lenguaje. Después de unas pocas horas, la habilidad para almacenar nuevos datos se recupera y la amnesia retrógrada disminuye hasta que solo persiste una laguna amnésica que abarca el tiempo en que duró el episodio. El pronóstico general es excelente y la causa de este trastorno se desconoce aunque ha sido asociada a la migraña.

Los traumatismos de cráneo también pueden generar un estado similar a la amnesia global transitoria pero en general la amnesia retrógrada es muy limitada y otras capacidades intelectuales suelen también afectarse.

Con respecto a la amnesia retrógrada –la incapacidad de recordar sucesos previos a la injuria cerebral–, es mucho menos lo que puede decirse dado que es muy rara (aunque ha sido descripta tras daño en la corteza temporal anterolateral o de los lóbulos frontales). Algunos estudios

clínicos han mostrado que ciertos traumatismos de cráneo pueden producir amnesia retrógrada profunda de los
eventos que se vivieron unas horas o días antes del trauma.

El olvido sano y el olvido patológico

En los consultorios neurológicos es muy común escuchar a pacientes adultos que preguntan si un episodio
de olvido que les ocurrió en los últimos días es normal
o, más bien, se trata de uno de los primeros síntomas de
una enfermedad mental que tarde o temprano perjudica-
rá drástica y fatalmente la memoria.

El proceso de envejecimiento normal se caracteriza por
cierto grado de declive natural de algunas funciones cognitivas tales como la memoria, las habilidades visuoespa-
ciales y la velocidad de procesamiento de la información.
Pero no toda afectación de la memoria indica el preludio
de una demencia. La mayoría de los cambios normales
que ocurren en la memoria como consecuencia del envejecimiento no interfieren con nuestras actividades diarias
ni con nuestra calidad de vida. La pérdida de memoria sí
debe volverse preocupante cuando, de manifestarse en episodios aislados, se transforma en una traba para nuestras
tareas cotidianas, nuestra vida familiar o nuestra actividad
laboral (ya ampliaremos esto en próximas páginas).

Un factor esencial que debemos tener en cuenta para
determinar si una pérdida de memoria es normal o no es
la frecuencia con la cual ocurren los olvidos. Puede ser

normal olvidarse alguna vez de una consulta médica que solicitamos semanas atrás, pero no olvidarse varios días de buscar a nuestro hijo a la escuela. Es importante tener en cuenta también que los problemas de memoria suelen ir acompañados de dificultades para orientarse en el tiempo o en el espacio. Seguramente, a todos nos ha pasado alguna vez no saber si es miércoles o jueves, o si es 12 o 13 de noviembre, lo cual no es inquietante. Lo que se consideraría preocupante es olvidar el mes o el año en que estamos. Asimismo, resulta normal equivocar el camino cuando estamos yendo por primera vez a visitar un lugar desconocido, sin embargo sería inquietante desorientarse en el barrio en el cual hemos vivido desde la infancia.

En aquellas personas que no presentan un proceso de desmemoria patológico, los olvidos suelen abarcar detalles irrelevantes o de poca importancia y no la totalidad de los eventos que se quieren recordar. Esto significa, por ejemplo, que tales personas no pueden recordar el nombre de un actor o de un suceso específico dentro de la trama de la película que fueron a ver en un pasado próximo pero sí pueden recordar que fueron al cine y con quién. También es normal que, a medida que avanza la edad, las personas mayores necesiten más tiempo para recordar ciertos eventos o sucesos pero, si se les diera el tiempo necesario y no se les presionara por una respuesta, seguramente podrían recordar los mismos. Sin embargo, cuando la pérdida de memoria excede lo esperable, la información se ha perdido y no aparece por más que le demos a la persona más tiempo para recordar.

Asimismo, cuando los problemas de memoria no son serios, los pacientes suelen ser conscientes de los mismos: suelen quejarse de sus trastornos de memoria pero sus familiares o acompañantes no los consideran importantes. Por el contrario, cuando el paciente no reconoce o niega sus dificultades de memoria, mientras que la familia las nota y las considera significativas, estamos frente a una probable señal de que los trastornos de memoria son más serios.

¿Cuál podríamos establecer como la medida justa que trazaría la frontera entre lo que debe considerarse normal y no normal en el olvido? Como en muchos órdenes de la vida, cada uno resulta ser la medida de sí mismo. Esto quiere decir que la evidencia más importante de control o alarma a tener en cuenta para medir el grado de normalidad del olvido resulta de la regularidad o de una clara disminución de la memoria presente comparada a cómo era unos meses o años atrás.

Sobre la vejez, el olvido y la sabiduría

¿Qué hay de cierto en el dicho popular que dice "el diablo sabe más por viejo que por diablo"? El "envejecimiento cerebral normal" o "saludable" es una expresión que se utiliza para describir los cambios naturales que ocurren en ausencia de enfermedad, y que no se realizan súbitamente a partir de un momento dado (por ejemplo, cuando nos jubilamos), sino como resultado del continuo desarrollo que experimentamos los seres humanos a través del tiempo que pasa.

Los cambios principales se dan como una disminución leve en algunas esferas de la cognición a partir, incluso, de la segunda década de vida, especialmente en áreas como la memoria y la velocidad de procesamiento. Pero esto que podría significar una condición con valor negativo, viene acompañado por la cualidad positiva de la experiencia y el conocimiento general, que se incrementa con la edad y compensa muchas de las pérdidas en otras áreas cognitivas. Por ejemplo, las personas mayores pueden tardar más en resolver un crucigrama que una persona joven, pero es probable que su tasa de respuestas correctas sea mayor. En síntesis, la habilidad mental que mejora con los años es la sabiduría.

Hoy sabemos que si no hay una enfermedad específica que destruya neuronas, la mayor parte de ellas permanecen saludables hasta la muerte. Distintas actividades alcanzan su natural pico máximo a diferentes edades. Las gimnastas femeninas, por caso, parecen arribar a su mayor rendimiento en la pubertad. Pero no debe resultar sorprendente que muchos de los grandes hitos que marcaron la historia cultural y política de la sociedad hayan sido generados por líderes, intelectuales y artistas en sus etapas más tardías: José Saramago publicó *El Evangelio según Jesucristo* cuando tenía cerca de 70 años de edad, Mao Tse Tung impulsó la Revolución China cuando ya había superado los 70 años y Pablo Casals compuso e interpretó su *Himno de la paz* cuando tenía 94 años, entre tantísimos otros casos.

Para intentar dilucidar por qué nuestra mente se lentifica con el paso del tiempo, investigadores de la Universidad de Harvard utilizaron neuroimágenes para observar el cerebro de adultos sanos de entre 18 y 93 años. Encontraron que, a medida que pasaban los años, había una pérdida de las conexiones entre distintas estructuras cerebrales. Para muchos autores, esto constituye parte del proceso conocido como *olvido*. Pero el olvido, como indicamos en un apartado anterior, no siempre es pernicioso sino, muchas veces, por el contrario, puede resultar benéfico. Asimismo, estudios recientes han demostrado que incluso a los 70 años hay aún generación de nuevas neuronas, lo cual permitiría producir nuevas conexiones que posibilitan nuevos aprendizajes.

Es por ello, quizás, que se ha observado una asociación entre un alto nivel de educación, ocupación y actividades placenteras (viajar, salir con amigos, etc.) y una disminución de la incidencia del riesgo para desarrollar demencia. El envejecimiento normal del cerebro, entonces, podría ser simplemente un proceso de optimización por el cual nos aseguramos que se conserven las reservas cognitivas necesarias para un buen funcionamiento. Es así que una reformulación posible del dicho popular referido al comienzo podría ser que *el sabio, sea dios o diablo, lo es por viejo.*

*

—*Fue cuando el cometa estuvo a punto de barrer la tierra con su cola de fuego.*

De allí solía arrancar. Él decía yvja-ratá, con lo que la intraductible expresión fuego-del-cielo designaba al cometa y aludía a las fuerzas cosmogónicas que lo habían desencadenado, a la idea de la destrucción del mundo, según el Génesis de los guaraníes.

Me acuerdo del monstruoso Halley, del espanto de mis cinco años, conmovidos de raíz por la amenazadora presencia de esa víbora-perro que se iba a tragar al mundo. Me acuerdo de eso, pero el relato de Macario me lo hacía remontar a un remoto pasado.

A él no le interesaba el cometa sino en relación con la historia del sobrino leproso. La contaba cambiándola un poco cada vez. Superponía los hechos, trocaba nombres, fechas, lugares, como quizás lo esté haciendo yo ahora sin darme cuenta, pues mi incertidumbre es mayor que la de aquel viejo chocho, que por lo menos era puro.

De *Hijo de hombre*
Augusto Roa Bastos
(Asunción, 1917-2005)

*

El tiempo que pasa

Dijimos que la velocidad de procesamiento, la capacidad de manipular información y los nuevos aprendizajes son algunas de las habilidades que sufren una declinación con el paso del tiempo. Más lentamente lo hacen los conocimientos generales, el vocabulario y el conocimiento semántico. Pero existen otras funciones cognitivas tales como el procesamiento emocional, la capacidad para ponerse en el lugar del otro y la capacidad de atribuir estados mentales a otros individuos (o Teoría de la Mente, que detallaremos en el próximo capítulo), que se mantienen intactas con el correr del tiempo.

Con respecto a la memoria, es importante destacar que no todos los tipos de memoria se afectan de la misma manera a medida que avanza la edad. La memoria que implica la adquisición y almacenamiento de nueva información, aquella memoria más reciente, puede afectarse a medida que envejecemos. Mucho menos frecuente es, en cambio, que se afecte la memoria remota, es decir, la capacidad de recordar cosas que vivimos hace mucho tiempo. De esta manera es típico escuchar a una persona de edad avanzada decir que mientras que le es difícil recordar qué comió la noche anterior, puede recordar a la perfección sus vacaciones de cuando era niño.

De igual forma la memoria procedural, aquella memoria que, como dijimos, precisamos para la realización de actos motores aprendidos y automatizados suele ser resistente al deterioro. Tampoco suelen perderse, en el envejecimiento normal, aquellas memorias relacionadas con los conocimientos generales como puede ser recordar cuál es la capital de Inglaterra o saber que un león es un felino (memoria semántica).

Que algunos tipos de memoria se afecten más que otras se debe a varias razones, entre otras a la labilidad de las estructuras neurales que la soportan. Así, el hipocampo (recordemos que es fundamental para los aprendizajes nuevos) suele ser sensible al paso del tiempo y es por esta razón que dicha memoria suele afectarse cuando envejecemos.

La vejez no necesariamente está acompañada de deterioro cognitivo e intelectual. Si bien es cierto que existe un gran número de personas mayores que presenta deterioro en sus funciones intelectuales, también es cierto que gran cantidad de personas mayores, no. Por eso comienzan a investigarse aquellos factores que protegen y retardan el deterioro cognitivo y aquellos que lo predisponen. Como ya anticipamos, este punto específico sobre algunas estrategias para la conservación de un cerebro en forma lo abordaremos en el último capítulo del libro.

Preguntas y respuestas sobre la enfermedad de Alzheimer

¿Qué es la enfermedad de Alzheimer?

El Alzheimer es una enfermedad progresiva e irreversible que ataca al cerebro y lentamente afecta la memoria, la identidad y la conducta con un impacto en el funcionamiento social y ocupacional. La enfermedad de Alzheimer no es parte del envejecimiento normal. Se estima que aproximadamente afecta a más de 450 000 personas en la Argentina y produce gran estrés en la familia.

¿Cuáles son los síntomas más comunes? ¿Cuánto es su duración?

Se caracteriza, en su forma típica, por una pérdida progresiva de la memoria y de otras capacidades mentales, a medida que las células nerviosas (neuronas) mueren y diferentes zonas del cerebro se atrofian. La duración de la enfermedad suele variar mucho de un paciente a otro, y tiene consecuencias médicas y sociales debido al elevado costo económico y, fundamentalmente, humano.

¿Cuáles son los tratamientos?

Aún no existe cura para la enfermedad. Sin embargo, la combinación de fármacos adecuados, terapia ocupacional y estimulación cognitiva puede retrasar la progresión de los síntomas. Otro elemento muy importante para tener en cuenta es el manejo del estrés de los cuidadores y familiares. El estrés en el cuidador es considerable, ya que puede causar depresión, ansiedad, pérdida de la independencia personal y problemas económicos. Existe un amplio optimismo de que nuevos avances importantes en el tratamiento del Alzheimer estén en un horizonte cercano. Muchos tratamientos posibles para la enfermedad de Alzheimer se están investigando en los laboratorios y probando en ensayos clínicos.

¿Cuáles son los genes que, hasta ahora, estarían implicados en el desarrollo del Alzheimer?

En relación con los factores genéticos asociados con la enfermedad de Alzheimer, es importante tener claros tres conceptos importantes:

a) no hay un único gen para la enfermedad de Alzheimer

b) los factores genéticos son responsables de la enfermedad solo en un muy pequeño número de familias (entre el 1% y el 5% de los casos) que presentan la enfermedad en etapas jóvenes de la vida (antes de los 65 años)

c) en la mayoría de los casos, la enfermedad tiene algún componente genético, pero los factores hereditarios no explican por qué algunos desarrollan la enfermedad mientras otros no

La mayoría de las personas con enfermedad de Alzheimer no posee un riesgo genético identificable.

¿Hay relación con los males cardiovasculares?

Lo que es malo para el corazón, también lo es para el

cerebro. Hay una considerable evidencia epidemiológica que relaciona los factores de riesgo vascular con la enfermedad de Alzheimer. En realidad, muchos de los factores de riesgo para las enfermedades cardiovasculares elevan el riesgo de padecer Alzheimer, así como otras demencias.

¿Hay relación con la dieta, con el hacer (o no) ejercicio, con la diabetes, con la obesidad?

La idea de desarrollar estrategias de prevención para la enfermedad de Alzheimer es resultado directo de lo que los investigadores han aprendido en los últimos años sobre los factores de riesgo, epidemiología e interacciones genéticas y ambientales. Al momento, no estamos seguros de las causas que conducen a la demencia. Esto significa que es difícil estar seguros de qué se puede hacer para prevenirla. Sin embargo, hay evidencias que parecen indicar que una dieta y un estilo de vida sanos pueden protegernos. En particular, no fumar, hacer ejercicio regularmente, evitar comidas grasas y mantenerse mentalmente activo en la vejez puede ayudar a prevenirnos de desarrollar una demencia vascular o la enfermedad de Alzheimer. Todo esto porque cada vez es más abrumadora la evidencia epidemiológica de que los factores de riesgo vascular (diabetes, hipertensión arterial, dislipemias, dietas ricas en grasas, tabaquismo, etc.) y otros como la intoxicación crónica leve por metales como el cobre, favorecen también el desarrollo de la enfermedad de Alzheimer en las personas genéticamente predispuestas.

Muchos de esos factores son controlables mediante la
dieta, el mantenimiento de un peso corporal adecuado y
algunos medicamentos, lo que incrementa su importancia epidemiológica. Lo mismo puede decirse de la *reserva
cognitiva*. Los sujetos con mayor capacidad cognitiva natural y adquirida (cociente intelectual, cultura, estudios
académicos, participación en actividades intelectuales y
de esparcimiento como juegos de mesa, desafíos lógicos,
etc.) presentan la enfermedad más tarde que los sujetos
con menor reserva cognitiva, a igual cantidad de lesiones
histopatológicas cerebrales típicas de la enfermedad de
Alzheimer presentes en sus cerebros. Dos personas pueden tener la misma cantidad de estas lesiones, pero una
de ellas puede mostrarse mucho más *demenciada* que la
otra. La idea que hay detrás de la reserva cognitiva es que
el cerebro intenta compensar activamente a la histopatología. Las personas pueden, por ejemplo, compensarse
mejor mediante la utilización de redes cerebrales alternativas, o más eficientes, pudiendo funcionar con más normalidad pese a su histopatología.

*Además del Alzheimer, ¿hay otras demencias neurodege-
nerativas?*

La enfermedad de Alzheimer es la más común de las
demencias neurodegenerativas, pero existen varios tipos
de demencia. Algunos de los más comunes tipos de demencia, además del Alzheimer, son:

- demencia vascular
- demencia por cuerpos de Lewy
- demencia fronto temporal

¿Puede ser que en algún momento se confunda Alzheimer con el envejecimiento normal del cerebro?

Envejecimiento no es sinónimo de Alzheimer. Muchos piensan que con la edad uno inevitablemente desarrolla deterioro de sus facultades intelectuales. Si esto fuera así todas las personas que llegan a los 100 años tendrían Alzheimer. Sin embargo, diversos estudios con personas de 100 años demuestran que muchos de ellos no tienen una enfermedad degenerativa. Por otra parte existe evidencia de personas con estudios *post mortem* de su cerebro, en los que se encontraron placas y ovillos, los marcadores biológicos del Alzheimer, que no habían desarrollado las manifestaciones clínicas de la enfermedad. Estos son casos de una mente intacta dentro de un cerebro con Alzheimer. Existen datos de que individuos con mayor educación, más activos mentalmente, con mayores actividades sociales y actividades recreativas tienen menos riesgo de padecer Alzheimer (ampliaremos este tema con alguna experiencia reveladora en el último capítulo). Datos como estos dieron lugar al concepto de *reserva cognitiva*, al que ya nos hemos referido, que es la capacidad del cerebro para tolerar mejor los efectos de la patología asociada a la demencia. Hay un gran interés científico y también una cantidad cada vez mayor de literatura especializada, sobre cómo factores del estilo de vida como la actividad física, la educación y las relaciones con otras personas pueden ayudar a construir una reserva cognitiva que será útil en los últimos años de la vida.

¿Cuáles son los síntomas que deberían alertar para consultar al especialista?

Todo cambio que indique un deterioro de memoria, intelectual o de la conducta que afecte el desempeño habitual de la persona. Se han desarrollado una lista de señales de alarma que incluyen los síntomas más comunes de la enfermedad de Alzheimer (algunos también se aplican a otras demencias). Si una persona tiene algunos de estos síntomas, debería consultar a un médico para realizarse una evaluación más exhaustiva:

- Pérdida de memoria que afecta la capacidad de trabajar. Es normal olvidarse ocasionalmente de una cita, una fecha de entrega, el nombre de un colega, pero olvidos frecuentes o confusiones inexplicables en casa o en el trabajo pueden señalar que algo está funcionando mal.
- Dificultad al realizar tareas familiares. Las personas ocupadas pueden distraerse de tanto en tanto. Por ejemplo, se puede dejar algo en el horno demasiado tiempo u olvidarse de servir lo que había preparado. En cambio, la persona con enfermedad de Alzheimer puede preparar una comida y no

solo olvidarse de servirla sino también de que la ha preparado.

- Problemas con el lenguaje. Todos tenemos –a veces– problemas para encontrar la palabra correcta, pero la persona con Alzheimer se olvida de palabras simples o sustituye las palabras de forma inapropiada, haciendo que sus oraciones sean difíciles de entender.
- Desorientación de tiempo y espacio. Es normal olvidarse momentáneamente del día de la semana o de lo que necesitaba comprar en el supermercado. Pero la persona con enfermedad de Alzheimer puede perderse en su propia cuadra, sin saber dónde está, cómo llegó a ese lugar o cómo volver a casa.
- Juicio pobre o disminuido. Elegir no llevar un suéter o chamarra un día frío es un error frecuente. Una persona con Alzheimer, sin embargo, puede vestirse inapropiadamente de una forma más notable, yendo a hacer las compras en bata o poniéndose muchas blusas o un abrigo en un día evidentemente caluroso.
- Problemas con el pensamiento abstracto. Hacer un balance financiero puede ser un gran desafío para muchas personas, pero para una persona con Alzheimer reconocer los números o hacer un simple cálculo puede ser imposible.
- Guardar cosas en lugares equivocados. A todos nos pasa cada tanto que dejamos unas llaves o la cartera en el lugar incorrecto. Sin embargo, una persona

con Alzheimer puede poner cosas en lugares inadecuados —como la plancha en el congelador o un reloj en la azucarera— sin poder acordarse de cómo llegaron las cosas a ese lugar.

- Cambios en el humor y en la conducta. Todos experimentamos una amplia gama de emociones —es parte del ser humano y ya abundaremos en esto en el próximo capítulo—. La persona con Alzheimer tiende a sufrir cambios muy rápidos de humor, sin razón aparente.
- Cambios en la personalidad. La personalidad de los seres humanos puede cambiar en algunos aspectos cuando son mayores. Pero en una persona con Alzheimer esto sucede dramáticamente, de repente o en un período determinado. Alguien que es habitualmente afable o amistoso, se convierte en alguien enojado, desconfiado o temeroso.
- Pérdida de iniciativa. Es normal cansarse de las tareas del hogar, del trabajo o las obligaciones sociales, pero la mayoría de las personas retienen o eventualmente recuperan su interés. La persona con Alzheimer, en cambio, puede mantenerse desinteresada en muchas o todas sus actividades diarias.

¿Influye una baja situación socioeconómica de la persona en el mayor desarrollo de deterioro cognitivo?

Sí, en tanto esos factores socioeconómicos repercutan en un bajo nivel educativo y una mala alimentación, ya que, como hemos dicho, estos representan un riesgo mayor de padecer demencia.

En definitiva, ¿cuánto de genético y cuánto de ambiental tiene el curso de la enfermedad?

La etiopatogenia, es decir, el origen de la patología de la enfermedad de Alzheimer, es múltiple. Como hemos dicho, es hereditaria entre el 1% y el 5% de los casos (enfermedad de Alzheimer genética), con una edad de presentación generalmente anterior a los 65 años. En el resto de los casos (enfermedad de Alzheimer compleja o esporádica) la etiología es multifactorial con diversos factores de riesgo, que incluyen la predisposición genética (evidenciada porque aumenta la frecuencia si se tiene un pariente en primer grado con la enfermedad, y más aún si son varios), la edad (es más frecuente desde los 65 años, a partir de los cuales el riesgo se duplica cada cinco años) y factores de riesgo exógenos –ambientales–, que parecen favorecer su desarrollo, como ocurre con los traumatismos craneoencefálicos graves. En el Alzheimer esporádico, ni los factores genéticos ni los ambientales por separado provocan la enfermedad. Los factores genéticos y ambientales asociados entre sí son necesarios, pero no suficientes, ya que, además hay otras causas que hoy no conocemos.

¿Qué estudios de imágenes específicos existen actualmente para detectar la enfermedad? ¿Solo puede reconocerse cuando ya hay síntomas avanzados?

No existe aún ni una sola prueba diagnóstica de laboratorio para determinar o confirmar la enfermedad de Alzheimer. Los métodos clínicos actuales combinan la evaluación neurológica, pruebas neuropsicológicas y las imágenes, con las referencias del cuidador y el juicio del examinador. Realizado por un médico entrenado, este método tiene un altísimo grado de precisión en diagnosticar la enfermedad de Alzheimer. En general, el reconocimiento de las diferentes demencias depende de la integración que realiza el profesional de los datos de la historia clínica con el examen neurológico y físico general, con la evaluación del estado mental y con el resultado de exámenes complementarios seleccionados. Resulta fundamental para realizar el diagnóstico que el médico pueda concentrarse detalladamente en la información que brinda el paciente y los familiares. El examen físico general puede poner de manifiesto evidencia de enfermedades que comprometan las funciones intelectuales, mientras que un examen neurológico exhaustivo provee la información necesaria para determinar el tipo de compromiso del sistema nervioso central. La evaluación del estado mental o evaluación neuropsicológica es de valor para determinar el tipo de compromiso intelectual, cuantificar el grado de deterioro y posibilitar el control de la evolución del paciente, así como la evaluación de la posible eficacia de determinados tratamientos durante el seguimiento. Hay estudios de laboratorio que son indispensables en los pacientes con demencia para descartar la presencia de una enfermedad clínica que afecte la memoria (por ejemplo, hipotiroidismo). La tomografía computada y la resonancia magnética tienen también un papel fundamental en el diagnóstico de la demencia. Ambos procedimientos permiten diagnosticar lesiones (por ejemplo, tumores o infecciones) que pueden afectar los procesos cognitivos como la memoria o el lenguaje mientras que en las enfermedades degenerativas, como la enfermedad de Alzheimer, se observa atrofia cerebral. Estudios que combinen técnicas modernas de neuroimágenes, genética y pruebas específicas de memoria u otra función cognitiva quizás en un futuro puedan predecir que personas asintomáticas tengan más probabilidades de desarrollar la enfermedad de Alzheimer. Sin embargo, en la actualidad, es imposible identificar en forma presintomática a personas con riesgo de desarrollar la enfermedad de Alzheimer, exceptuando unos pocos casos atípicos hereditarios.

A pesar de los avances sobre el estudio de la enfermedad, el diagnóstico definitivo de la misma sigue siendo a través del hallazgo de características específicas en la autopsia o biopsia de los pacientes. Es importante insistir con que no existe en la actualidad ningún test de laboratorio ni un biomarcador que determine un diagnóstico definitivo. La mayoría de los exámenes complementarios que han surgido recientemente se usan en clínicas de memoria con interés en investigación o en protocolos farmacológicos. El objetivo de los próximos años será

intentar identificar personas que no tengan síntomas de
la enfermedad de Alzheimer pero que presenten un alto
riesgo de padecer la enfermedad. La combinación de técnicas más refinadas en neuropsicología, genética, imágenes y biomarcadores en líquido cefalorraquídeo podría
permitir cumplir este ambicioso objetivo que será clave
para desarrollar un tratamiento que modifique el curso
de la enfermedad.

*¿Existe posibilidad de prevenir o, al menos, morigerar la
enfermedad?*

Para combatir el Alzheimer, la reducción del riesgo es
fundamental. En el ámbito científico, el interés por con-
testar esta pregunta surge cuando se empieza a notar que
la vejez no necesariamente está acompañada de deterioro
cognitivo e intelectual y que, como ya dijimos, es cierto
que existe un gran número de personas mayores que presentan deterioro en sus funciones intelectuales, también
es cierto que gran cantidad de ellas no.

De esta manera, comienzan a investigarse aquellos
factores que reducen el deterioro y aquellos que lo predisponen. Aunque los factores genéticos son una base
importante de los recursos cognitivos, se han estudiado
numerosos factores modificables y estrategias que pueden reducir el riesgo para el deterioro cognitivo. Sobre
esto, conviene reiterar algunas claves y ampliar otras: la
estimulación intelectual, una dieta saludable, la actividad
física y tener una vida social activa fueron identificados

como factores potenciales de protección en la mediana edad que pueden ayudar a mantener la reserva cognitiva en la vida adulta. Controles de presión arterial, colesterol y lipoproteínas, glucosa en sangre, ácido fólico, vitamina B12 y el peso también son vitales, además de no fumar. Por otro lado, beber demasiado alcohol o no beber alcohol en absoluto son factores de riesgo. Aunque muchos de estos factores, como la edad y la predisposición genética, están fuera de control, existen numerosas estrategias que pueden ayudar a reducir el riesgo de deterioro cognitivo. Las investigaciones futuras deben conducir a un mejor conocimiento sobre los factores de riesgo y apuntar a estrategias más específicas para promover el mantenimiento de las capacidades cognitivas. Los neurocientíficos en la Argentina y en Latinoamérica ya estamos librando esta batalla.

*

A medida que la memoria se esfuma me doy cuenta de que recurre a una cortesía cada vez más exquisita, como si la delicadeza de los modales supliera la falta de razón. Es curioso pensar que frases tan bien articuladas —porque no ha olvidado la estructura de la lengua: hasta se diría que la tiene más presente que nunca ahora que anochece en su mente— no perdurarán en ninguna memoria. Esta mañana cuando llegué dormía profundamente, después de la frenética alteración de ayer. Abrió los ojos, la saludé, y dijo "Qué suerte despertar y ver caras amigas". No creo que nos haya reconocido;

*individualmente, quiero decir. Hace dos días, antes de la
crisis, le pregunté cómo se sentía y me dijo "Bien porque te
veo". A la enfermera hoy le dijo "Estás muy linda, te veo muy
bien de cara", a pesar de que era la primera vez que la veía y
que la enfermera no hablaba español. Traduje y la enfermera
la amó en el acto. También la amó en el acto, recuerdo, una
mesera negra dominicana que nos atendió un día en un café,
cuando todavía andaba por la ciudad sin perderse.*

De *Desarticulaciones*
Sylvia Molloy
(Buenos Aires, 1938)

*

El impacto social de la enfermedad de Alzheimer

La expectativa de vida ha ido aumentando de forma
impactante desde 1950. En el último siglo, creció más
que en dos milenios. La Organización Mundial de la
Salud (oms) calcula que en la actualidad hay aproximadamente 600 millones de personas que superan los 60
años. Dicho número se duplicará para el año 2025 y se
triplicará para el 2050. Este cambio en la expectativa de
vida se debe a diferentes razones entre las que se incluyen el envejecimiento de poblaciones de grandes naci-
mientos y la mayor supervivencia de los ancianos por

mejoras tecnológicas, científicas y en las condiciones de salud. Así, emergen con contundencia las enfermedades degenerativas y el consiguiente miedo a padecerlas.

Estos cambios traen consigo una creciente preocupación por lograr un funcionamiento óptimo –físico y mental– en las etapas más avanzadas de la vida y por determinar cuáles son los factores que nos protegen frente a dichas enfermedades degenerativas.

La enfermedad de Alzheimer es un trastorno degenerativo cerebral crónico que impacta en la vida diaria de los pacientes y sus familias. Una vez por año se lleva a cabo "The Alzheimer's Association International Conference", el mayor congreso mundial que reúne a investigadores y clínicos de todo el planeta, con el objetivo de poner en común las investigaciones actuales y discutir sobre las causas, el diagnóstico, el tratamiento y la prevención de esa enfermedad. En el del año 2011 hubo un número récord de asistentes –más de 5 000 científicos de todo el mundo–. Medios de múltiples naciones reflejaron en sus páginas los avances científicos reportados en la reunión de París. El presidente de entonces, Nicolas Sarkozy, dio un detallado discurso explicando el Plan Nacional de Alzheimer de Francia. Creado en el año 2008, el plan francés tiene tres pilares:

1. La mejora de la calidad de vida de las personas afectadas y de sus familias.
2. La movilización de la sociedad francesa en la lucha contra el Alzheimer.

3. El apoyo del avance en la investigación de esta enfermedad.

Científicos de Estados Unidos dieron la noticia de que el 4 de enero de ese mismo 2011 el Proyecto Nacional Alzheimer había sido aprobado por unanimidad por ambas cámaras del Congreso norteamericano y firmado como ley por el presidente Barack Obama. Esta ley creó un plan estratégico nacional para hacer frente a la crisis producto de la rápida escalada de la enfermedad de Alzheimer. Estas iniciativas y otras como las de Inglaterra, Australia o Corea pueden servir como modelos para la creación de planes similares en otras naciones alrededor del mundo.

¿Por qué tanto interés en la enfermedad de Alzheimer? El principal factor de riesgo para esta enfermedad es, como sabemos, la edad, y el mundo está envejeciendo. Debido a este motivo, la prevalencia de la enfermedad de Alzheimer está creciendo a un ritmo alarmante en todo el mundo. Esta situación crea un enorme problema fundamentalmente para los pacientes y familiares pero también para la salud pública y la economía de las naciones. El enorme costo del cuidado de estos pacientes y el efecto en sus familiares (depresión, estrés, ausencia laboral) sin dudas precipitarán una crisis de salud pública de proporciones sin precedentes. Se estima que actualmente existen 33.9 millones de personas con Alzheimer en el mundo, y este número se triplicará en cuarenta años. En el año 2050, más del 75% de estos pacientes estarán en países en vías de desarrollo. El número de personas de edad avanzada en el mundo en desarrollo está creciendo a un ritmo más rápido que otras regiones del mundo. El mayor aumento se va a producir en la India, China y América Latina. Se ha calculado que las intervenciones capaces de producir un retraso modesto en la presentación de la enfermedad, por ejemplo un año, reduciría la prevalencia de la demencia en un 7% en diez años y un 9% en treinta años. Retrasar cinco años la aparición de los síntomas podría reducir la prevalencia en un 40% en diez años y un 50% en treinta años.

Existe consenso respecto de que la enfermedad se debe detener en sus etapas iniciales, mucho antes de que aparezcan los síntomas. Como hemos dicho, los cambios en el cerebro se producen décadas antes de que se haga evidente la enfermedad. Por lo tanto, cuanto antes se detecte, mejor será el pronóstico. Una mayor comprensión del envejecimiento normal del cerebro es necesaria antes de que podamos comprender plenamente las causas del envejecimiento patológico y el deterioro cognitivo.

Proteger las neuronas intactas es un objetivo más importante que reparar las neuronas ya dañadas.

Nuestras capacidades como sociedad deben estar dispuestas en atemperar las secuelas de la enfermedad en aquellas personas que ya la sufren y mitigar el crecimiento exponencial de la epidemia.

Ese futuro depende de la inteligencia y la voluntad de este presente.

*

Está dormida, te puedes ir. No sé si duerme, se queda así, a veces. No, no, está dormida de veras, no ves que se le aflojó la boca que siempre tiene apretada, te digo que te puedes ir. Dejá que por lo menos le dé un beso. La vas a despertar, no vale la pena, yo le digo que estuviste, total se olvida enseguida. Pero no es lo mismo, protesto. No, no es lo mismo.

De *Desarticulaciones*
Sylvia Molloy

*

Con esta cita cerramos el segundo capítulo que, como hemos apuntado desde las palabras preliminares y en cada uno de los apartados, debería llamarse *Memorias* (así, en plural): *saber recordar y saber olvidar*. El próximo capítulo trata sobre las emociones y la toma de decisiones.

Capítulo 3

El cerebro social y emocional

Se dice comúnmente que llorar de tristeza o de alegría, que tener esperanza o piedad, que nos irrite una injusticia y que luchemos obstinadamente para vencerla, nos hace más humanos. En realidad, una expresión más precisa debería evitar el aumentativo y decir que las emociones son las que nos hacen, sin más, seres humanos. Y no solo las emociones positivas, sino también aquellas que nos convierten ocasionalmente en personas impiadosas o pesimistas.

La emoción es un proceso influenciado por nuestro pasado evolutivo y personal que desata un conjunto de cambios fisiológicos y comportamentales claves para nuestra supervivencia. Tanto, que interviene en procesos cognitivos trascendentes como la memoria, tal cual lo hemos visto en el capítulo anterior, y la toma de decisiones, como lo desarrollaremos en este capítulo. La emoción, entonces, involucra al comportamiento en sí, y también cambios corporales internos (viscerales y sistema nervioso autónomo), el tono de la voz (prosodia) y los gestos (que incluyen la expresión facial).

Fue Charles Darwin, en 1872, en su trabajo llamado *La expresión de las emociones en humanos y animales,* quien postuló que existen emociones *básicas* (como la tristeza, la alegría, la ira, la sorpresa, el asco y el miedo) que están presentes en humanos y animales y que tienen una expresión común en las diferentes especies. Estas ideas de Darwin fueron relegadas durante mucho tiempo y tomaron relevancia las teorías que daban una mayor importancia a lo cultural. Mucho más acá en el tiempo, el psicólogo norteamericano Paul Ekman retomó las ideas del gran pensador inglés y mostró que estas emociones básicas existen en diferentes culturas, incluso en aquellas que no han recibido influencias culturales de Occidente. Así, estas emociones básicas se asocian con expresiones faciales distintivas y son innatas y comunes en las diferentes culturas del mundo (por ejemplo, el miedo se expresará con la misma expresión facial en Buenos Aires o en Nueva Guinea, más allá de que lo que provoque dicha emoción pueda ser diferente en ambas sociedades; en la misma línea de pensamiento, una persona ciega de nacimiento expresará el asco o la ira con una expresión facial distintiva y común al resto de los humanos más allá de que nunca haya podido ver la expresión facial en los demás). A partir de estas reflexiones, Ekman postuló que cada emoción básica debería estar asociada a un circuito cerebral particular y la neurociencia afectiva ha dedicado grandes esfuerzos a determinar qué estructuras de nuestro cerebro se asocian a cada emoción básica en particular.

Dos emociones básicas que han recibido una considerable atención por parte de la ciencia son el miedo y el asco. La tecnología de imágenes cerebrales y el trabajo con pacientes que han sufrido lesiones han mostrado que una estructura cerebral, la amígdala, desempeña un rol significativo en el miedo y, como analizamos en el capítulo 2, en la memoria de eventos emocionales. También existe evidencia de que una región cerebral conocida como la *ínsula* subyace al reconocimiento de señales humanas de asco. En un trabajo publicado en la revista especializada *Nature Neuroscience* hace unos años, estudiamos con Andy Calder de la Universidad de Cambridge en Inglaterra a un paciente, NK, que tenía una lesión en la región insular y, aunque podía reconocer expresiones faciales de miedo, ira, alegría, sorpresa y tristeza, mostraba una alta imposibilidad selectiva para el reconocimiento del asco.

Sobre las bases de estos y otros hallazgos se cree que el cerebro humano contiene sistemas neurales parcialmente separados pero interconectados que codifican emociones específicas. Además del miedo y del asco, hay evidencia de que otras emociones como la ira tendrían un circuito neural distintivo. La idea de que estos sistemas están interconectados y se comunican unos con otros es esencial, porque muchas de las situaciones emotivas con las que tropezamos en la vida diaria contienen una combinación de emociones. También existen las emociones complejas (culpa, orgullo y vergüenza, entre otras) que están relacionadas con estándares sociales, que recién emergen entre los 18 y 24 meses de vida y que su expresión varía al de la cultura y el contexto.

Las pasiones, como llamaban a las emociones los antiguos griegos, son las que nos relacionan con nuestra evolución como especie y, a la vez, nos hacen únicos en el reino animal.

*

Sobre las emociones humanas trata este capítulo. Y para esto abordaremos cuestiones esenciales como la relación entre el corazón, literalmente hablando, y el cerebro. También sobre el amor, sobre la felicidad y sobre la creatividad, sobre los impulsos y las regulaciones de esos impulsos, sobre el miedo, sobre algunas patologías ligadas a la emoción y sobre el llamado "efecto placebo". Propondremos una serie de preguntas y respuestas sobre el fascinante y complejo tema de la toma de decisiones. Asimismo, revelaremos una experiencia en donde se analiza la relación entre la decisión racional y la decisión pasional.

*

El sentido del amor

El amor es uno de los tópicos más elaborados por las obras artísticas. Grandes películas, novelas y poemarios están atravesados por grandes amores. De la misma manera, el amor es un elemento fundamental en la tradición mítica y en la historia social. Y, por supuesto, también constituye un interesante desafío para la neurobiología.

Sobre la base de la investigación en la neurociencia social, podemos intentar definir el amor como un estado mental subjetivo que consiste en una combinación de emociones, de motivación (clave en el logro de metas y objetivos) y funciones cognitivas complejas. Hoy sabemos que el amor es, más que un sentimiento surgido de nuestro corazón, un proceso mental sofisticado. Suena romántico decir que "se ama con el corazón", pero no es cierto. Como se sabe y hemos reiterado en este libro, el cerebro dicta toda nuestra actividad mental. Y como diremos a lo largo de este capítulo, el corazón es, más que el origen de nuestras emociones, la víctima.

Al tratar temas como este, es importante tener presente que la ciencia reformula conceptos establecidos con nuevos conceptos que pueden estar relacionados con los anteriores pero que no son lo mismo. Esto quiere decir que, cuando hablamos de amor en las neurociencias, no estamos queriendo revelar un sentido hasta hoy oculto de lo que sentían Romeo y Julieta. Lo que estamos haciendo es abordar un tema de la neurobiología que llamamos *amor* y, en todo caso, ponerlo en relación con otras tradiciones. Antes de la química moderna, se pensaba que los elementos básicos eran tierra, agua, fuego y aire. La tabla periódica moderna define los elementos de manera diferente y ahora sabemos que, de esta manera, es más adecuada. Lo mismo pasa con conceptos como *memoria*, *atención*, *inteligencia* y, justamente, *amor*. En el uso cotidiano, estos términos tienen múltiples significaciones, por lo que es difícil que la ciencia los pueda medir con la rigurosidad necesaria. Lo que la ciencia puede hacer, basada en datos y teoría, es reemplazar estos conceptos con otros precisamente definidos y que solo así pueden ser medidos.

El amor, desde el punto de vista neurocientífico, es una experiencia que involucra masivamente los sistemas cerebrales de recompensa. Este sentimiento está íntimamente relacionado con la perpetuación de la especie y, por lo tanto, tiene una función biológica de crucial importancia. Recién en los últimos años algunos grupos de investigación han intentado estudiar los correlatos neurales del amor en humanos. Si bien la nueva tecnología permite obtener imágenes muy esclarecedoras de lo que pasa en nuestro cerebro cuando nos enamoramos, debemos ser cautos en la interpretación de muchos de los resultados ya que solo nos proveen información de *la relación* entre un área cerebral y el estado de enamoramiento.

El amor modifica nuestro cerebro. Diversos estudios han demostrado que, cuando las personas están profundamente enamoradas, tienen fuertes manifestaciones somatosensoriales: *sienten* el amor en sus cuerpos y en sus mentes, están más motivadas, tienen mejor capacidad para enfocar su atención y reportan ser más felices. Estudios de neuroimágenes funcionales han evidenciado que el amor activa sistemas de recompensa del cerebro (las mismas áreas que se activan cuando las personas sienten otras emociones positivas, cuando están motivadas o cuando pueden anticipar una experiencia de gratificación) y se desactivan los circuitos cerebrales responsables de las emociones negativas y de la evaluación social. En otras palabras: la corteza frontal, vital para el juicio, se *apaga* cuando nos enamoramos y así logra que se suspenda toda crítica o duda. ¿Por qué el cerebro se comporta así? Quizá por *altos fines biológicos* y así promover la reproducción: si el juicio se suspende, hasta la pareja más improbable puede unirse y reproducirse. Las neuroimágenes han demostrado también que un área del cerebro importante en la regulación del miedo y regiones implicadas en emociones negativas también se *apagan*. Esto podría explicar por qué nos sentimos muy felices con el mundo –y sin miedo de lo que podría salir mal– cuando estamos enamorados. También se observó que el amor está relacionado con algunas activaciones específicas en las áreas del cerebro que median funciones cognitivas complejas, como la cognición social, la imagen corporal y asociaciones mentales que se basan en experiencias pasadas.

Existen diferentes mensajeros químicos y hormonas del cerebro que tienen que ver con el enamoramiento de las personas. Los estudios de neuroimágenes muestran que las áreas activadas, cuando los sujetos ven fotos de sus seres amados, pertenecen al sistema de recompensa cerebral que contiene una alta densidad de receptores para la oxitocina y vasopresina y sugiere un gran control neurohormonal de esta experiencia (lo mismo se da para varios animales sociales cuando se enamoran). Asimismo, la dopamina se encuentra en niveles altos en los enamorados. La dopamina es clave para nuestras experiencias de placer y dolor y está relacionada al deseo, la adicción y la euforia. El aumento de este mensajero químico puede provocar sentimientos tan agudos de recompensa que permite que el amor provoque uno de los momentos de mayor bienestar. Un efecto secundario de aumento de los niveles de dopamina es una reducción en otro mensajero químico, la serotonina, que es clave en nuestro estado de ánimo y el apetito. Los niveles de serotonina pueden caer de forma similar a los observados en personas con trastorno obsesivo compulsivo, explicando por qué el amor puede hacernos sentir ansiosos. También el estado de enamoramiento libera adrenalina. Este mensajero químico está involucrado en el aceleramiento de nuestro corazón, el sudor en las palmas de la mano y la boca seca cuando vemos a la persona que nos enamora.

Aunque el amor maternal y el amor romántico son claramente diferentes, ambos activan áreas similares del cerebro involucradas en la emoción, la recompensa, la motivación y la cognición. Sin embargo, se observó que una pequeña región en el centro del cerebro, en el Tegmento, llamada PHG, es importante y es más activa para el amor maternal, en comparación con el amor romántico. Esto, en realidad, tiene sentido porque esta zona está específicamente involucrada en la supresión del dolor endógeno que las personas experimentan cuando tienen experiencias profundas y dolorosas, como el parto. Además, esta área es importante en el sistema de gratificación.

Los estudios en psicología social han demostrado que el proceso de enamoramiento tiene que ver con motivaciones: nuestras experiencias pasadas están almacenadas en alguna parte de nuestro cerebro y, de alguna manera, guían nuestro comportamiento y toma de decisiones. Estudios recientes en neurociencias han descubierto que ciertas áreas cerebrales cognitivas, que cumplen la función de almacenar este tipo de asociaciones mentales, basándose en nuestro pasado y nuestras experiencias positivas y negativas, se activan rápidamente en el amor. También se han observado en estudios electrofisiológicos que estas áreas del cerebro se activan en un abrir y cerrar de ojos (exactamente, en un quinto de segundo), al ver un estímulo relacionado con la persona amada. Esto significa que la forma por la cual almacenamos nuestras experiencias pasadas en relación con las áreas cognitivas de nuestro cerebro puede tener una influencia en áreas del cerebro involucradas en las emociones básicas y el procesamiento visual.

Los estudios del cerebro y el amor conforman un campo de la neurociencia social aún incipiente y hay muchas áreas nuevas para abordar. Una de ellas es el estudio del amor como un proceso continuo, en lugar de entenderlo como una fase estacionaria. E investigar las modulaciones de las diferencias a lo largo de este continuo, entre y dentro de los individuos, a través de toda la vida. Igualmente, estos estudios configuran un desafío fascinante para descifrar la implicación del cerebro en la experiencia amorosa y, sobre todo, para definir de qué hablamos cuando hablamos de amor.

*

Vagué durante algunos días por los lugares donde habían sucedido estos acontecimientos. A veces deseaba encontrarte, otras estaba decidido a abandonar para siempre este mundo y sus miserias. Por fin me dirigí a estas montañas, por cuyas cavidades he deambulado, consumido por una devoradora pasión que solo tú puedes satisfacer. No podemos separarnos hasta que no accedas a mi petición. Estoy solo, soy desdichado; nadie quiere compartir mi vida, solo alguien tan deforme y horrible como yo podría concederme su amor. Mi compañera deberá ser igual que yo, y tener mis mismos defectos. Tú deberás crear este ser.

De *Frankenstein o el moderno Prometeo*
Mary Shelley
(Londres, 1797-1851)

*

¿Se puede medir la felicidad?

Toda decisión que, por ejemplo, tomamos como padres para con nuestros hijos, constituye un medio para lograr aquello que podría sintetizarse en el deseo de que *sean felices*. Esta palabra, *felicidad*, forma parte del repertorio cotidiano y representa un elemento central para el sentido de existencia de los sujetos, las familias, las comunidades, que no ha sido aún abordado cabalmente por ciertas disciplinas científicas. Es que existen críticos que argumentan que la felicidad es un concepto amplio y vago y, por lo tanto, dudan de que alguien pueda *medir* la felicidad científicamente. A pesar de esto, en los últimos años se han multiplicado los estudios que intentan abordar este tema tan complejo.

El foco de la investigación se centró en dos estados relacionados: el placer y el deseo. Los sistemas de recompensa cerebrales son claves para ambos. En estudios de neuroimágenes funcionales se observó que la corteza orbitofrontal, una región de nuestro cerebro desarrollada más recientemente desde el punto de vista evolutivo, se relaciona con reportes subjetivos de placer. Asimismo se ha demostrado que emociones opuestas (por ejemplo, tristeza y felicidad) no son concebidas en el cerebro como antagónicas, y muchos autores sostienen que esa es la base fisiológica que explica los *sentimientos encontrados*. De hecho, en un estudio que analizó los resultados de 106 trabajos sobre activación cerebral frente a emociones, no pudo encontrarse una región específica para la *felicidad* y otra para la *tristeza*. En cambio, como hemos dicho, sí pareciera existir una red compleja que regula nuestras emociones.

El desafío de saber de qué se trata la felicidad ya existía en disciplinas humanísticas como la filosofía desde tiempos de Aristóteles. Y también se manifestó en nuestro pasado inmediato y emerge cada vez más en el presente como cuestión ligada a las ciencias sociales.

El concepto de la felicidad ha penetrado en el campo de la política a partir de que el rey de Bután, Jigme Singye Wangchuck, en 1972 desarrolló el concepto de Felicidad Nacional Bruta (FNB) como respuesta a las críticas recibidas sobre la constante pobreza económica de ese país, cuya cultura estaba basada principalmente en cuestiones espirituales. La FNB define la calidad de vida en términos más holísticos y psicológicos que el conocido Producto Interno Bruto (PIB). En todo caso, el incremento del PIB representaría solo un peldaño para lograr el crecimiento del FNB.

En 2008 el presidente francés Nicolas Sarkozy encargó un estudio, dirigido por dos premios Nobel de Economía, Joseph Stiglitz y Amartya Sen, para analizar alternativas de medidas más amplias de satisfacción que el PIB nacional. Por su parte, también David Cameron anunció oportunamente que el gobierno británico empezaría a recoger datos sobre el bienestar de la población.

Los avances científicos son el resultado de cierta capacidad e inquietud que define al ser humano como tal: la búsqueda permanente del conocimiento. Pero estos, como cada acción que se realiza en la vida cotidiana, o lo que hacen las sociedades con sus planes y sus elecciones, deben conducir a la promoción del bienestar general, es decir, crear las condiciones para la felicidad. Doble desafío para la ciencia, entonces, es el deber de abonar ese camino y entender, a la vez, cuál es el mapa de ese estado al que peregrinamos.

Biología de la belleza

Además de los famosísimos relatos de la Bella Durmiente y Cenicienta, Charles Perrault escribió la historia del príncipe Riquete, que tenía el don de la inteligencia pero la desgracia de ser considerado feo por los demás. ¿Qué *condiciones objetivas* tendría para ser visto así?

Las personas dentro de una cultura determinan aquello que representará lo bello y lo feo. De hecho, estas determinaciones pueden no ser correspondidas por otras épocas u otras culturas. Uno de los elementos tenidos en cuenta para el valor de belleza es la familiaridad de la cara, de modo tal que personas de un mismo grupo suelen ser consideradas más atractivas que personas con rasgos muy similares pero de otros grupos. Este tipo de variables también demuestra que los juicios de atracción son influenciados por valores subjetivos. Pero existen cualidades de lo que se considera atractivo que son, según estudios antropológicos, comunes entre las distintas culturas del universo. Algunas de estas características más bien universales están asociadas a la simetría, es decir, a la forma en que los atributos físicos se distribuyen a través de la línea media vertical.

Solo se tarda una fracción de segundo para que podamos decidir si nos encontramos con alguien *atractivo*. Cuando se solicita a voluntarios que puntúen cuán atractivo les resulta un rostro en el laboratorio, grandes desviaciones parecieran alterar la percepción sobre la belleza.

Existirían al menos dos posibles mecanismos evolutivos, aunque no excluyentes entre sí, sobre por qué ciertas
caras son consideradas más bellas que otras. La primera
posibilidad es que las características atractivas representen los atributos fenotípicos que son deseables en nuestras parejas, tales como una buena salud genética y altos niveles de inmunocompetencia (es decir, una buena
capacidad para montar respuestas inmunes adecuadas a
los patógenos con los que nos topamos durante nuestra
vida). La segunda posibilidad es que la atracción por las
caras haya surgido como una función agregada del proceso que extrae información facial necesaria y general,
aun si dicha evaluación no es intencional o útil.

Riquete, el *feo* príncipe del cuento de Perrault, se ena-
moró de una princesa hermosa a la que le ofrendó su
inteligencia. Y ella, por esa sabiduría y por el amor suficiente para que eso sucediera, lo hizo el hombre más
bello del mundo. ¿Qué ley universal lo va a poder negar?

El valor de la creatividad

Jorge Luis Borges reflexionó sobre el valor de la creatividad poética en una conferencia de 1983 en el Collège
de France. Podría resultarnos sorprendente que las ideas
centrales que guiaron estas consideraciones del último
Borges estuvieran ligadas a la memoria, a la emoción y,
sobre todo, al futuro. Claro que Borges no fue el único
en indagar sobre este tema. La fascinación por la creatividad

fue una constante de siglos. Como sabemos, los antiguos griegos creían que la inspiración provenía de las musas. Durante la Edad Media, los filósofos distinguieron la creatividad artística de otros tipos de ingenio. Se pensaba que la creatividad era una habilidad única que solo tenían ciertas personas elegidas. En la actualidad, entendemos que el talento creativo no solo no está reservado para unos pocos, sino que existe en todos los aspectos de la vida y es parte fundamental de todas las profesiones, desde la actuación a la carpintería o a la ingeniería. También sabemos que, como cada aspecto de la experiencia humana, la creatividad se origina en el cerebro. Por eso las neurociencias están intentando estudiar las bases biológicas de este fenómeno.

Para abordar científicamente la creatividad resulta conveniente descomponerla, no para minimizarla o reducirla, sino para entenderla más claramente. Se puede analizar el proceso creativo a partir de cuatro mecanismos principales:

- preparación
- incubación
- iluminación
- verificación

Aunque no existe aún *una* definición de creatividad, en términos generales se considera creativo a todo aquello que presente una visión novedosa u original sobre un problema dado. Muchas veces ese problema puede ser la forma en que representamos al mundo o la construcción de uno nuevo. Así es como se asocia la labor artística con la creatividad. Entendemos al arte como un rasgo distintivamente humano, y que quizás pueda dar cuenta de una parte significativa de la evolución del cerebro.

¿Cómo nacen las ideas creativas? Algo muchas veces desilusionante es escuchar en una entrevista a un artista genial intentar explicar de dónde salieron sus ideas para crear su obra (muy probablemente no lo saben). Lo que es seguro es que ninguno de los grandes creadores tuvo una idea genial sin haberle destinado muchísimo tiempo previo a pensamientos profundos y obsesivos sobre un tema determinado. De hecho hay más relación entre obsesión y creatividad que entre coeficiencia intelectual y creatividad. Según el escultor estadounidense Richard Serra, uno no quiere terminar convertido en un esclavo de sus propios trabajos o pensamientos previos, y el modo de evitarlo es mantenerse constantemente activo y hacer preguntas sobre lo que estamos haciendo y sobre lo que no entendemos. A menudo, cuando las piezas comienzan a unirse, vemos cosas que no habíamos imaginado y que pueden llevarnos por una dirección diferente. En otras palabras, en términos de creatividad, la inspiración es para aficionados.

Muchos creativos reportan que ellos tienen ideas nuevas cuando no están pensando en nada (cuando el cerebro esta desconectado –*off-line*– procesa información intensamente). Solo porque uno no esté concentrado en algo (o creyendo que no está concentrado) no quiere decir que el cerebro no está trabajando con la información adquirida previamente. Podemos decir que justamente estos serían los mejores momentos para crear, ya que es cuando se está relajado, hay tiempo de inactividad y existe lo que se llama *sueños diurnos* (*day dreaming*). Una ilustrativa historia sobre esto es la del químico alemán Friedrich Kekulé, cuando llevaba mucho tiempo intentando encontrar la huidiza estructura de la molécula de benceno. Según cuenta en sus memorias, una tarde, mientras volvía a su casa, se quedó dormido. Allí comenzó a soñar con átomos que danzaban y chocaban entre ellos. Varios átomos se unieron y formaron una serpiente que hacía eses. De repente, la serpiente se mordió la cola y Kekulé despertó. A nadie se le había ocurrido hasta ese momento que la molécula pudiera tratarse de un compuesto cíclico. Esto se explica porque el sueño (en el cual, entre otras funciones, se repasan los eventos del día) también es un estado que facilita la creatividad. Durante el sueño hay actividades cerebrales que son similares a las que, según se comprobó, existen en períodos de creatividad. Y apenas nos despertamos también es un momento propenso. Es famosa la anécdota de Paul McCartney que cuenta que soñó una noche de 1964 la melodía de *Yesterday*. Por la mañana, la cantó bajito y así la escribió. Al tomarnos vacaciones, muchas veces aparecen las mejores ideas: el cerebro necesita un respiro o pausa (*down time*) para la novedad.

Existen básicamente dos maneras de resolver problemas: una manera lógica (pensamiento lento y repetitivo) y una manera intuitiva. La actividad cerebral que se ve antes de que las personas resuelvan el problema con intuición es la activación de las áreas de imaginación y de asociación (estas áreas cerebrales *hablan* entre ellas). Lo que pasaría cuando estamos concentrados en encontrar una idea o una solución novedosa a algo es que no estamos permitiendo que trabajen en forma intensa las áreas que hacen nuevas asociaciones en el cerebro. Cuando se realiza el acto creativo, el cerebro estaría en un estado oscilatorio. Se usa el término *oscilación* o *actividad oscilatoria* para referirse a las fluctuaciones rítmicas de un grupo neuronal o de una región de la corteza cerebral y también al patrón de descarga rítmico de una neurona o un grupo neuronal. La actividad oscilatoria posibilita la sincronización entre grupos neuronales de la misma área cortical o de áreas distantes entre sí que intervienen en una acción motora, tarea cognitiva o perceptiva.

El equipo de investigadores de la Universidad de McGill, en Montreal, escaneó el cerebro del músico inglés Sting a través del resonador magnético funcional para observar qué partes de su cerebro estaban activas cuando improvisaba mentalmente una melodía que jamás había compuesto. Lo llamativo de los resultados fue la gran activación global de su cerebro. El proceso de creatividad claramente depende de una red muy compleja de nuestro cerebro.

Todo esto explica, a partir de un abordaje biológico, que para ser creativo hay que estar preparado, ser un poco obsesivo, un poco loco (aunque no mucho), entender el problema de manera simple (muchas veces queremos hacerlo *inteligentemente* y, en realidad, todo es más sencillo), ser valiente, estar dispuesto a equivocarse (como supieron Galileo o Steve Jobs, muchas veces es bueno estar equivocado para luego estar en lo correcto) y, como dijimos, estar relajado.

Claro que existe una carga genética que predispone al talento creativo. Sin embargo, es el factor sociocultural el que juega un papel crucial, pues el acceso a experiencias de distinta naturaleza remodela las conexiones cerebrales necesarias para generar las soluciones innovadoras que resultan de este pensamiento divergente. El contexto y los factores sociales pueden estimular (o no) la explosión de creatividad.

Las sociedades de las que nacen los talentos creativos tienen una mayúscula responsabilidad sobre ese alumbramiento. Tal es así que ellos se vuelven representantes de su sociedad y muchas veces esa ciudad o ese país es reconocido a partir de este *gran* hombre o mujer. También la sociedad es beneficiada económicamente por esos talentos. A gran escala, la llamada *economía creativa* o *industria creativa* es un factor de inmenso desarrollo. Este concepto abarca esencialmente la industria cultural (arte, entretenimiento, diseño, arquitectura, publicidad, gastronomía) y la economía del conocimiento (educación, investigación y desarrollo, alta tecnología, informática, telecomunicaciones, robótica, nanotecnología, industria aeroespacial). La creatividad humana es uno de los mayores recursos para las economías ya que la principal riqueza de un país es su capital humano, un bien renovable cuyo viento de cola es la motivación.

Es que, como decíamos al comienzo de este apartado, la creatividad no está circunscripta a una práctica específica sino que es vital para todas las realizaciones humanas. ¿Cómo explicar, si no, el talento de una madre y un padre para administrar sus recursos módicos y lograr que a sus hijos no les falte nada? ¿Con qué capacidad el maestro alcanza eficazmente sus objetivos de educar a cada uno de los alumnos que componen su clase? ¿Cómo un proyecto solidario, una empresa incipiente o un Estado averiado logra salir a flote? "Es la creatividad, amigo", podríamos responder, parafraseando al expresidente de Estados Unidos.

En la conferencia de 1983, Borges dijo también que la creatividad está ligada a la adversidad: "la felicidad es un fin en sí mismo y no exige nada mientras que el infortunio debe ser transformado en otra cosa". Al seguir este razonamiento, podemos pensar que la potencialidad más grande que tenemos como comunidad es, justamente, eso: el reconocimiento de la carencia y de los recursos para transformarla en virtud; la memoria para aprender y la pasión para movilizarnos; y, por supuesto, la búsqueda obstinada de la solución. La creatividad resultará, entonces, nuestro recurso más valioso para construir ese futuro deseado.

Interpelación sobre la normalidad

El arte transforma en novedoso lo cotidiano, en original lo repetitivo y ordinario. La obra de arte permite interpretar con nuevas claves lo conocido y construir, de esta manera, nuevos sentidos colectivos. Y es el *genio artístico* quien tiene la capacidad de generar aquello extraordinario que la sociedad percibe y admira como maravilloso.

Como hemos visto en el apartado anterior, las neurociencias ofrecen una reflexión sobre el arte y la creatividad que posibilita, a su vez, indagar sobre la gestación y el desarrollo de las ideas no convencionales. Observar la incidencia de enfermedades en los procesos creativos nos posibilita modificar nuestros pareceres sobre las enfermedades, pero también sobre los procesos creativos en general.

Aunque no es necesario sufrir de demencia, esquizofrenia o bipolaridad para ser un genio creativo, mucho de lo que sabemos sobre creatividad y cerebro lo conocemos por personas que han sufrido enfermedades neurológicas, y que han desarrollado talentos artísticos luego de la injuria cerebral. Kandinsky descubrió su condición neurológica denominada *sinestesia* durante un concierto de Wagner, en el que percibió que veía los colores de la música. La sinestesia es una condición neurológica en la cual un sentido (por ejemplo, la audición) es percibido simultáneamente con alguno de los otros sentidos. Kandinsky pintó el movimiento, porque tenía la capacidad de ver algo así como el desplazamiento de lo quieto.

Desde muy pequeña Sofía tenía respuestas *anormales*. Luego de extensos estudios se diagnosticó un cuadro de autismo. Pero, más allá de todas sus dificultades, tenía una habilidad muy especial para el dibujo. Sofía percibía la realidad de manera diferente, pero su percepción era lúcida y mostraba cosas que los *normales* no veían. Un porcentaje grande de los autistas parece tener un don especial para la elaboración estética.

La epilepsia muchas veces produce auras visuales muy vívidas que pueden influenciar la tarea artística. Este es el caso del pintor Franco Magnani, quien desde las primeras manifestaciones de su cuadro epiléptico comenzó a pintar de manera obsesiva su pueblo natal, Pontito, el cual recordaba con una vivacidad anormal, a pesar de haberse ido de allí a los 12 años.

Diversos estudios sugieren una asociación entre la enfermedad bipolar y la creatividad en figuras eminentes. Personas con afectación progresiva del lóbulo frontal pueden desarrollar talento creativo luego del comienzo de la enfermedad, más allá de no haber tenido una historia personal de producción artística previa. Una hipótesis es que los sistemas de inhibición se liberan luego del daño frontal. Algunos proponen que la innovación surge cuando áreas del cerebro que no están generalmente conectadas logran comunicarse y coactivarse.

El interés en una tarea artística lleva a un alto estado de motivación que produce una atención sostenida, necesaria para mejorar la performance y el entrenamiento de la atención que lleva a una mejora en otros dominios cognitivos. La creatividad, como hemos dicho, puede ser entrenada pero también hay una carga genética que la predispone.

En el estudio de la producción artística de personas con enfermedades mentales hay mucho para aprender sobre el cerebro, sobre las enfermedades en sí mismas y, por qué no, sobre la historia del arte y la cultura. Pero también, y de manera más inquietante, está la posibilidad de interpelarnos sobre la idea de lo normal, de lo establecido, de los prejuicios negativos que muchas veces surgen sobre aquello que se manifiesta como diferente en la sociedad. De esa diferencia, muchas veces, ha surgido la maravilla.

El cerebro social

Para los seres humanos la supervivencia depende, en gran medida, de un funcionamiento social efectivo. Las habilidades sociales facilitan nuestro sustento y protección. Si queremos entender a los seres humanos, la comprensión de las capacidades relacionadas con la sociabilidad cobra un papel fundamental.

El estudio sobre la cognición social tiene sus raíces en la psicología social, disciplina que procura entender y explicar cómo los pensamientos, las sensaciones y el comportamiento del individuo se ven influenciados por la presencia, ya sea real o imaginaria, de otras personas. Estudia al individuo dentro de un contexto social y cultural, y se centra en cómo la gente percibe, atiende, recuerda y piensa sobre otros, lo cual involucra un procesamiento emocional y motivacional.

Como anticipamos en el primer capítulo, existen teorías que sostienen que el tamaño del cerebro se relaciona mayormente con el alcance del contacto social en cada especie. A partir de esto, muchos se han preguntado si la complejidad de nuestro cerebro no se debe justamente a la complejidad social de nuestra especie. Otros investigadores postulan que el desarrollo de la capacidad de manipular a los demás (o el engaño táctico) fue crucial para la evolución de nuestro cerebro.

La cognición social incluye diversos procesos cognitivos, tales como la Teoría de la Mente (que describiremos en el próximo apartado), la empatía, el reconocimiento de expresiones faciales, el procesamiento de emociones, el juicio moral y la toma de decisiones.

Dado que la conducta social tiene demandas únicas, se tiende a pensar que posee sistemas cerebrales especializados. La conducta social requiere una identificación muy rápida de los estímulos y signos sociales (tales como el reconocimiento de las personas y su disposición hacia nosotros), una importante y necesaria integridad de la memoria (para recordar quién es amigo y quién no lo es en base a nuestra experiencia), una rápida anticipación de la conducta de los otros, y la generación de múltiples evaluaciones comparativas. Por otro lado, los desafíos cognitivos requeridos para la interacción social parecen ser diferentes de aquellos requeridos para los objetos (no humanos).

Una interacción apropiada con otro ser humano necesita de un reconocimiento inicial de que quien está enfrente es otra persona, distinta de uno mismo y con un estado psicológico interno diferente. A partir de allí, debemos intuir las motivaciones internas, los sentimientos y las creencias que subyacen a su conducta considerando, además, que los estados mentales de cada individuo se enmarcan en características más estables de la personalidad. Finalmente, uno debe tener en cuenta cómo es que nuestra conducta influye sobre la de la otra persona, tanto para actuar de una manera socialmente apropiada como para intentar persuadir o influenciar el estado mental del otro. La cognición social se relaciona con el resto de las capacidades cognitivas con el objetivo último de guiar nuestra vida en sociedad, con estrategias a veces involuntarias y automáticas y muchas veces debajo de los niveles de nuestra conciencia.

Más sobre la interacción social

Como hemos dicho, la complejidad de nuestro cerebro es consecuencia, al menos en parte, de la complejidad social que ha alcanzado nuestra especie a lo largo de su evolución. El ser humano es básicamente una criatura social. Por eso crea organizaciones que van más allá del propio individuo, desde la familia hasta las comunidades nacionales o globales. A partir de estas premisas, podemos arribar a la evidente conclusión de que el grado de vitalidad de la especie humana depende de la interacción social, es decir, del carácter de los vínculos que uno establece con los otros.

Un principio que permite la relación entre las personas es la capacidad de darse cuenta de que los otros tienen deseos y creencias diferentes de las nuestras y que su comportamiento puede ser explicado en función de ellos. Esto se conoce como Teoría de la Mente y las evidencias indican que a los 4 años los niños ya han desarrollado esta habilidad de evaluar estados mentales de otros. Aunque algunos procesos cognitivos son conscientes e influencian en forma deliberada nuestro funcionamiento, hay mecanismos automáticos que influyen en nuestra interacción social. Por ejemplo, existen pruebas científicas recientes que sugieren que las decisiones morales están más relacionadas con la emoción que con el razonamiento explícito. Uno, luego de actuar, analiza y explica *racionalmente* la decisión moral que ha tomado afectado por la impresión genética y por la emoción. Otro aspecto importante en la investigación del cerebro social son las neuronas espejo, que son células que reaccionan tanto al observar una acción como cuando la realizamos nosotros mismos permitiendo el aprendizaje a partir de la imitación de la acción observada. Además, capacidades de la cognición social como la empatía con otros individuos han sido esenciales evolutivamente.

Como seguiremos analizando a lo largo de este capítulo, cierto comportamiento social como el altruismo, la decisión económica o las ideas políticas tienen una base genética. Sin embargo, los genes no explican en su totalidad el comportamiento social ni las diferencias individuales. El estudio de los factores no genéticos importantes en la determinación de la conducta está prosperando. Un ejemplo sorprendente de cómo estos factores no genéticos influyen en la conducta social se observó en las abejas obreras. Cuando estas alimentan a las larvas con jalea real, la expresión de los genes implicados en el crecimiento y el metabolismo es modificado, y esto lleva al desarrollo de nuevas abejas reinas.

Cerebros empáticos

Hemos dicho que la interacción entre seres humanos resulta crucial para la supervivencia: diversos estudios han demostrado que las personas que viven aisladas tienen menos expectativa de vida, se enferman más, tienen una peor performance en pruebas cognitivas y reportan niveles descendidos de felicidad. Esta interacción supone una relación que no se justifica solo en la proximidad sino además en el vínculo que se establece con el otro.

El término *empatía* se aplica en el campo de las neurociencias a un amplio espectro de fenómenos, desde sentimientos de preocupación por los demás, hasta la capacidad de expresar emociones que coincidan con las experimentadas por otra persona e, incluso, como vimos en el apartado anterior, la capacidad de inferir qué es lo que está pensando o sintiendo.

¿Qué es, entonces, la empatía y para qué sirve? ¿Se puede medir de manera exacta la capacidad empática de cada ser humano? Hasta hoy, ninguno de los intentos para cuantificar la empatía a través de medidas reportadas por la misma persona o valoraciones hechas por pares ha podido captar por completo el amplio rango de procesos afectivos, cognitivos y conductuales que involucra. Esta complejidad puede derivar de que la misma está procesada por una red ampliamente distribuida en nuestro cerebro, que interactúa naturalmente de manera extensa con diferentes regiones neuronales y sistemas cerebrales.

Cierta evidencia convergente de estudios en comportamiento animal, estudios de imágenes en individuos sanos y estudios de lesión en pacientes neurológicos sugiere que la empatía depende de una gran variedad de estructuras cerebrales evolutivamente más nuevas, y también incluye estructuras primitivas del cerebro que regulan los estados corporales, emociones y la reactividad afectiva. Esto demuestra el papel crucial que desempeña la empatía no solo en los seres humanos, sino en toda especie animal en la que individuos interactúen entre sí.

Asimismo, la empatía no solo involucra procesos afectivos/emocionales sino también procesos reflexivos en los que es necesario tomar perspectiva (por ejemplo, entender por qué el otro está sufriendo).

Es por ello que la empatía tiene efectos directos sobre otros procesos cognitivos. Por ejemplo, estudios de nuestro laboratorio han demostrado que la empatía cumple una función crucial en el juzgamiento moral. Los pacientes con algunas condiciones neurológicas o psiquiátricas en las que fallan aspectos de la empatía muestran patrones de juzgamiento moral no asimilables con el patrón general. Del mismo modo la empatía resulta crucial para la motivación y en los aspectos más sociales de la toma de decisiones.

En estos tiempos, las investigaciones intentan estudiar no solo cómo generar medidas que puedan capturar de manera más fiable los niveles de empatía de una persona, sino también el modo en que puede ser estimulada y entrenada.

Este concepto de empatía también resulta clave para abordar cuestiones sociales. Después de todo, si alcanzamos a desarrollar de manera creciente nuestra experiencia empática para con nuestra comunidad, es probable que lleguemos a comprender lo que piensa el otro y convivir así más pacíficamente.

La gracia de la armonía es lograrla no solo cuando tenemos ideas comunes, que resulta siempre más confortable y menos estimulante, sino también posiciones divergentes. La cualidad empática está en conseguir hacer de la diferencia una virtud.

*

—Las disposiciones y la ejecución eran perfectas; pero no eran aplicables ni al caso ni al hombre. Una serie de recursos muy ingeniosos son para G. una especie de lecho de Procusto, que deforma todos sus planes. Continuamente se equivoca

por exceso de profundidad o de superficialidad, y muchos escolares razonan mejor que él. Me acuerdo de uno de ocho o nueve años, cuyo éxito en el juego de pares e impares provocaba unánime asombro. Este juego es muy simple; se juega con bolitas. Un jugador tiene en la mano unas cuantas bolitas y pregunta a otro si el número es par o impar. Si este adivina, gana una bolita; si no, pierde una. El niño del que hablo ganaba todas las bolitas de la escuela. Tenía, por supuesto, un procedimiento: se fundaba en la observación de la mayor o menor astucia de los contrarios. Por ejemplo, el contrario es un imbécil. Levanta la mano y pregunta: "¿Son pares o impares?". El niño dice "impares" y pierde, pero gana la segunda vez, porque reflexiona: en la primera jugada el tonto puso un número par y su pobre astucia apenas le alcanza para poner impares en la segunda; apostaré a que son impares. Apuesta y gana. Con un adversario algo menos tonto, hubiera razonado así: este, para la segunda jugada, se propondrá una mera variación de pares a impares, pero en seguida pensará que esta variación es demasiado evidente y, finalmente, se resolverá a repetir un número impar; apostaré a impar. Apuesta y gana. Ahora, ¿en qué consistía el procedimiento de este niño a quien llamaban afortunado los compañeros?

—Consistía —dije— en la identificación de su inteligencia con la del contrario.

—Así es —dijo Dupin— y cuando le pregunté cómo lograba esa identificación, me respondió: cuando quiero saber lo inteligente, lo estúpido, lo bueno, lo malo que es alguien, o en qué está pensando, trato de que la expresión de mi cara

*se parezca a la suya y luego observo los pensamientos y senti-
mientos que surgen en mí. Esta contestación del niño contiene toda la sabiduría que se atribuyen La Rochefoucauld, La
Bruyére, Maquiavelo, Campanella.*

*—Y esa identificación —dije— depende, si no me engaño, de
la precisión con que se adivina la inteligencia de otro.*

*—En efecto —dijo Dupin—, G. y sus hombres fracasan por-
que nunca toman en cuenta el tipo de inteligencia del adversario; se atienen a su propia inteligencia, a su propia astucia;
cuando buscan un objeto escondido, se guían fatalmente por
los medios que ellos habrían empleado para esconderlo. En
general no se equivocan; su astucia es la del vulgo. Pero cuando la astucia del delincuente difiere de la de ellos, este, por
supuesto, los derroca.*

De *La carta robada*
Edgar Allan Poe
(Boston, 1809-Baltimore, 1849)

*

Ciencias morales

La moralidad es uno de los productos de las presiones
evolutivas que han dado forma a la mente humana. La
principal función del cerebro humano es producir respuestas adaptativas a las demandas físicas y sociales que
nos impone el entorno. La generación de estas respuestas
podría haber contribuido a la emergencia de la conducta

moral humana. Aun sin saberlo, realizamos juicios morales en forma diaria, como ayudar a un anciano a cruzar una avenida, aunque esto nos haga llegar tarde a una importante reunión. Situaciones como estas representan un dilema moral acerca de si debemos actuar de acuerdo con los intereses de los demás o con los nuestros.

Las áreas frontales son claves para la conducta moral así como la cognición social, la función cognitiva que procura entender y explicar cómo los pensamientos, las sensaciones y el comportamiento del individuo se ven influidos por la presencia real o imaginaria de otros. La conducta moral refiere a aspectos éticos, legales, creencias y normas e involucra varios procesos psicológicos como la emoción y la empatía.

En efecto, los psicópatas –con o sin lesión cerebral– muestran déficits en sus propias emociones y en la capacidad de entender las emociones de los otros. Existe una fuerte convicción popular de que los juicios humanos son producto de un razonamiento moral deliberado, sin embargo, como daremos cuenta en próximos apartados, son escasas las evidencias desde las neurociencias de que esto sea realmente así. Al contrario, como ya hemos adelantado, existe evidencia suficiente de que las emociones sociales juegan un papel clave en el procesamiento moral.

Quizás el razonamiento moral se deba entender como un intento para explicar las causas y efectos de nuestras intuiciones morales. La corteza frontal es idónea para administrar la cognición social y moral, porque ayuda a controlar las reacciones inmediatas a un estímulo (como un rostro o gesto) y es fundamental para la previsión de las consecuencias de un comportamiento actual en el largo plazo.

La identificación de los componentes neurales y de su relación con los aspectos psicológicos subyacentes a la moralidad humana nos está brindando un conocimiento esencial para entender las fortalezas y debilidades de nuestra naturaleza.

Cerebro en construcción

El curso dinámico de la maduración del cerebro es uno de los aspectos más fascinantes de la condición humana. Más allá de que los cambios cerebrales y la adaptación sean inherentes a la vida, las fases tempranas de maduración, durante el desarrollo fetal y la infancia, son quizás las más dramáticas e importantes. El cerebro de un recién nacido representa solo una cuarta parte del tamaño del cerebro adulto, y continúa su crecimiento y especialización de acuerdo con un programa genético con modificaciones dadas por las influencias ambientales y del entorno. Mucho del potencial y las vulnerabilidades del cerebro puede depender de las primeras dos décadas de la vida. Las primeras áreas en madurar son aquellas involucradas en funciones más básicas, tales como el procesamiento de los sentidos y movimientos. Le siguen las áreas implicadas en la orientación espacial y el lenguaje. Por su parte, los lóbulos frontales, fundamentales para la planificación, la toma de decisiones, la memoria de trabajo y el control del impulso, son las últimas áreas cerebrales en madurar y no se desarrollan totalmente hasta la tercera década de la vida. La maduración del cíngulo anterior, un área que controla nuestra habilidad para mantener la atención, ocurre también en la adolescencia. De hecho, un joven puede observar una gradual mejoría en mantener su mente focalizada en temas por períodos más largos y en formas más complejas de pensamiento.

Esta condición biológica debe ser tenida en cuenta por las acciones de políticas públicas destinadas a esa franja etaria de la población. Y no solo el Estado, sino también la comunidad en su conjunto (padres, docentes, comunicadores, etcétera).

Actualmente, los adolescentes se enfrentan con una creciente demanda de tareas múltiples. Investigadores, psicólogos y sociólogos comienzan a mostrar preocupación por los efectos a largo plazo de demandas inadecuadas para un cerebro en desarrollo. Algunos expertos advierten que nuestra sociedad puede estar estimulando el desenvolvimiento de respuestas rápidas en los jóvenes, a expensas de habilidades valiosas como la planificación, reflexionar y predecir las consecuencias de las acciones.

Comprender en detalle la maduración cerebral podría tener implicancias fundamentales para intervenciones en enfermedades del neurodesarrollo, como también generaría una oportunidad para iluminar las fortalezas y potencialidades del adolescente. Cuando el proceso de maduración se realiza en forma adecuada, las recompensas son considerables. Un desarrollo acorde vuelve posible una mayor capacidad para el pensamiento abstracto, para imaginar, planificar y consolidar la identidad. A su vez, abre el camino para ser una mujer o un hombre pleno en la sociedad.

Más sobre el misterio del cerebro adolescente

Fue extraño lo que sucedió con Holden Caulfied: a partir de 1951, y de manera casi simultánea a la publicación de *El cazador oculto*, novela del misterioso autor norteamericano J. D. Salinger, logró transformarse en uno de los personajes más importantes de la cultura del siglo xx. Se trataba, sin más, de un adolescente de 16 años que procedía con desdén a cada paso que daba, mientras vivía desacomodado en lugares que, a la larga o a la corta, debería abandonar.

La adolescencia resulta, por cierto, una de las etapas de la vida en la que se transita por superficies inestables. Claro que no solo el arte se ocupó de estas cuestiones, sino también ha sido materia de estudio de la ciencia, y de las neurociencias en particular. Esto permitió dar cuenta, por ejemplo, de las cruciales modificaciones por las que atraviesa el cerebro humano en su pasaje por la adolescencia.

¿Existen diferencias entre un cerebro adolescente y un cerebro adulto? ¿Existen competencias distintivas en la conducta y en la cognición? ¿Cómo impactan los cambios cerebrales que ocurren en la adolescencia en la toma de decisiones? Las respuestas a estas preguntas se investigan desde hace muchos años en laboratorios de todo el mundo. De estos provienen los resultados que apoyan una idea central: el proceso de maduración de varios circuitos neurales durante la adolescencia está aún incompleto.

Desde una perspectiva biológica, los cambios que se inician en la pubertad, entre los 8 y 12 años –en promedio–, están destinados a la maduración de los órganos reproductivos. La adolescencia, por su parte, está destinada al desarrollo emocional y mental en pos de la vida adulta. Durante el mismo, será crítico el set de cambios que se realicen en los lóbulos frontales, la porción más anterior del cerebro y evolutivamente más nueva. Recordemos que es esta la región de nuestro cerebro con funciones tan complejas como la capacidad para tomar decisiones, para inhibir respuestas inapropiadas, para planificar y ejecutar un plan de acción, para ponerse en el lugar del otro y para poder discernir qué pautas establece cada sociedad sobre lo que está bien y lo que está mal, entre otras. El lóbulo frontal está sujeto a cambios que afectan las funciones que este regula. En la adolescencia aumenta la conectividad entre diferentes regiones cerebrales y cambia el balance de las conexiones entre las áreas frontales cognitivas y las áreas emocionales.

A medida que crecemos, los estímulos se vuelven más complejos y requieren el refinamiento de las redes y las señales en nuestro cerebro, para que procesen la información de manera más rápida y así poder integrarla mejor. Esto permite la *mielinización*, un proceso de recubrimiento de las neuronas que aumenta en esta etapa de la vida y que permite que las señales viajen más rápido, más lejos y que puedan interconectarse entre sí. Es así que al adolescente, en preparación hacia la adultez, se le presentan nuevos desafíos cognitivos: se complejiza el material que enfrenta a nivel escolar, debe empezar a tomar sus propias decisiones y tiene nuevas demandas, especialmente las atencionales. Para ello, ya en sus fases más tempranas, como adelantamos en el apartado anterior, madura una porción del cerebro importante en la atención motivacional: el *giro cingulado anterior*. Esta región también monitorea los procesos conflictivos, al orientar la toma de decisiones. También maduran, e incluso crecen en tamaño, algunas estructuras, tales como el hipocampo, que se desarrolla hasta los 18 años, y la amígdala. Es decir que no solo existen redes más mielinizadas, sino también redes más grandes y complejas con mayores interacciones.

Diversos estudios han demostrado que el crecimiento y maduración de muchas de estas redes culmina recién en los últimos años de la segunda década de vida. También se ha demostrado que en esa edad se produce un aumento en la densidad de una estructura determinante para conectar ambos hemisferios cerebrales: el cuerpo

calloso. De este modo, el cerebro muestra una interco-
nectividad mucho más prolífica, lo que le permite integrar de manera fiable los estímulos del exterior.

Estos datos nos confirman que durante la adolescencia existe un extensivo proceso de reorganización cerebral que pareciera culminar en el momento en el que las
modificaciones de las conexiones comienzan a estar más
marcadas por las experiencias de lo vivido y no tanto por
un proceso de transformación biológica programada en
nuestros genes.

El cazador oculto está considerada como una de las
novelas imprescindibles del siglo xx. Una obra tan importante, que llevó al autor a recluirse para siempre
como consecuencia de su impacto social y su circulación editorial persistente. Claro que se trata de un estilo literario que los lectores y los medios especializados
han sabido elogiar. Pero también, de una capacidad extraordinaria por saber hurgar en los enigmas del cerebro
adolescente.

El cerebro, regulador de los impulsos

Muchos recordarán el momento en que William Foster,
el personaje que encarna Michael Douglas en la película
Un día de furia, desata su rabia contra el mundo luego de
una seguidilla de malas experiencias. La pregunta que podemos hacernos a partir de ese episodio no tiene tanto
que ver con lo que habrá sucedido en su cerebro para que

eso pasara, sino, más bien, con qué le impidió hasta ese momento que eso mismo le sucediera antes.

La regulación de las emociones tiene un papel fundamental para la convivencia de la especie humana (y, en un sentido más exagerado, para su supervivencia). Los seres humanos tenemos la capacidad de transformar la experiencia emocional al cambiar el significado que le otorgamos a la situación que da lugar a la respuesta emocional.

En un estudio sobre la regulación cognitiva, Kevin Ochsner, de la Universidad de Columbia, le presentó a algunas personas fotos con contenidos emocionalmente intensos. Ante cada presentación, las personas debían o bien *atender* la foto, o bien *reevaluar* la foto. En la condición de *atender*, los participantes debían mantenerse conscientes de su reacción emocional sin tratar de alterarla. En la condición de *reevaluar*, los participantes debían interpretar la foto de manera de no continuar sintiendo las emociones negativas despertadas por la misma, o sea, debían generar una interpretación alternativa o una historia para cada fotografía que explicara los eventos negativos de un modo aparentemente menos negativo. El autor de la experiencia pudo observar que efectivamente las personas eran capaces de modificar el sentimiento negativo de las fotos presentadas y que esa capacidad se asociaba a la activación de ciertas regiones cerebrales específicas. Se observó así la activación de diferentes estructuras que conforman el cerebro emocional en un proceso modulatorio concertado.

Las estructuras prefrontales (relacionadas, como ampliaremos en "Miopía del futuro", con el mantenimiento de una estrategia, con la inhibición conductual, la conciencia de las emociones, la realización de inferencias sobre las emociones propias y de las otras personas) regulan las estructuras más automáticas del cerebro emocional (como la amígdala) y la corteza cingulada cumpliría el papel de resolver las tensiones entre los diferentes actores cerebrales de la experiencia emocional, al actuar como mediadores o *negociadores* de conflictos.

En estados perturbados, como el del personaje de Michael Douglas, los mecanismos cerebrales que mantienen regulado el estado emocional se vuelven en contra del sistema en su conjunto y, en lugar de actuar como un filtro de nuestra experiencia, proceden como un testigo cruel y despiadado de las inclemencias externas y de nuestras limitaciones para enfrentarlas.

De esta manera, la ciencia permite plantear que el grado de desarrollo y habilidad de la mente humana se demuestra también en la capacidad de transformar la reacción violenta e intemperante en una actitud paciente y templada. El buen andar en la carrera reposa en diversas cualidades del jinete. Una de ellas, quizás la fundamental, es la de saber llevar siempre bien calzados los estribos.

La violencia impulsiva y la violencia premeditada

La agresión humana y la violencia tienen un alto costo para nuestra sociedad y su mayor prevalencia ha incentivado la búsqueda de predictores y causas de esta conducta.

La violencia –a menudo causada por la frustración– puede ser individual o colectiva. Si bien los fundamentos de la agresión humana son multifactoriales –políticos, socioeconómicos, culturales, médicos, ambientales y psicológicos– es claro que algunas formas de agresión, como la agresión impulsiva, tienen una neurobiología subyacente que recién se está empezando a comprender. La ciencia busca los factores biológicos que predisponen a esta conducta.

Por lo visto, la propensión a la agresividad impulsiva parece estar asociada con una falta de autocontrol sobre ciertas respuestas emocionales negativas y una incapacidad para comprender las consecuencias negativas de este comportamiento. Los circuitos neurales implicados en la regulación de la agresión están relacionados con las áreas cerebrales involucradas en el control del miedo y el control afectivo. El afecto negativo (que describe una mezcla de emociones y estados de ánimo como la ira, la angustia y la agitación) puede provocar o agravar un comportamiento agresivo.

La violencia premeditada, por otra parte, representa un comportamiento planificado que no se asocia típicamente con la frustración ni es una respuesta a la amenaza inmediata. En cambio, la agresividad impulsiva es espontánea, no planificada, representa una respuesta a un estrés percibido y es asociada con emociones negativas como la ira o el miedo. La agresividad impulsiva se convierte en patológica cuando las respuestas agresivas son exageradas en relación con la provocación. Cuando una amenaza es inminente, esta agresión no premeditada puede ser considerada defensiva y por lo tanto parte del repertorio normal de la conducta humana.

Se cree que la neurobiología de estos dos tipos de agresión sería diferente, es decir, la agresión de una persona que comete un acto violento pasional posiblemente tenga bases biológicas diferentes de la agresión planificada y premeditada. Ciertos defectos en la distribución normal de la serotonina, mensajero químico del cerebro, se han vinculado a la agresión y la violencia. La serotonina ejercería un control inhibitorio sobre la agresión impulsiva. Alguna disminución de los niveles de un químico que refleja la actividad de la serotonina en el cerebro se ha encontrado en los pacientes violentos e impulsivos. Las anomalías genéticas pueden contribuir a la función de la serotonina, así como a las diferencias individuales en el comportamiento agresivo. Existen anormalidades en la actividad de la serotonina en la corteza frontal en personas con agresividad impulsiva, aunque es probable que otros mensajeros químicos, como los neuromoduladores y las hormonas, también estén involucrados. La corteza frontal normalmente desempeña un papel crucial restringiendo brotes impulsivos. Un déficit en este circuito aumentaría la vulnerabilidad de una persona a la agresión impulsiva.

Este tipo de estudio neurobiológico, obviamente, no determina por sí mismo si una persona será o no agresiva. Como hemos referido en diversas ocasiones, el entorno ambiental también influye de manera crucial en las conductas de los seres humanos.

Emoción y razón puestas en juego en las decisiones

Muchas teorías asumen que las decisiones derivan de una evaluación de alternativas de los posibles resultados con un análisis costo-beneficio. La evidencia científica indica que decidimos, básicamente, con las emociones. Investigaciones recientes demuestran que la toma de decisiones es un proceso que depende de áreas cerebrales involucradas en el control de las emociones. Tomamos decisiones permanentemente y la velocidad de los eventos que nos suceden hace que no haya tiempo para racionalizar los pros y contras de cada decisión. Estas dependen de qué región cerebral emerge victoriosa de una batalla entre los centros emocionales y racionales.

La noción de que somos seres conscientes, con el poder de realizar nuestras propias elecciones en la vida, ha sido cuestionada por las neurociencias. Como veremos más adelante en el capítulo, Benjamín Libet, de la Universidad de California, demostró que algunas áreas del cerebro se activan antes de que un individuo esté consciente de una decisión particular como mover una pierna.

Un análisis de la pregunta sobre si poseemos libre albedrío requiere tener en cuenta el proceso de toma de decisiones y esta es influenciada por procesos implícitos que muchas veces no alcanzan la conciencia.

Existe un tipo de paciente con disfunción emocional, que, como también veremos, presenta *miopía del futuro* en su toma de decisiones, al privilegiar la recompensa inmediata, aunque esto repercuta negativamente a largo plazo. Un adicto grave puede comprender que el consumo intenso de droga posiblemente le traiga problemas sociales, laborales, económicos y familiares a largo plazo, pero, sin embargo, no puede resistir la tentación de la recompensa inmediata que le proporciona el consumo de la sustancia. Esto no se explica por dificultad en la racionalidad o comprensión sino por una disfunción emocional que impacta desventajosamente en las decisiones a largo plazo.

La ciencia está comenzando a iluminar el camino que nos permitirá entender por qué elegimos cuando elegimos. Y aquí, la palabra *entender* es clave en la historia social, que no es otra cosa que la historia de la toma colectiva de decisiones.

*

Aquello fue un tira y afloja agotador, y no fue hasta la última cerveza de aquella tarde cuando Ferlosio contó la historia del fusilamiento de su padre, la historia que me ha tenido en vilo durante los dos últimos años. No recuerdo quién ni cómo sacó a colación el nombre de Rafael Sánchez

Mazas (quizá fue uno de los amigos de Ferlosio, quizás el propio Ferlosio). Recuerdo que Ferlosio contó:

—Lo fusilaron muy cerca de aquí, en el santuario del Collell. —Me miró—. ¿Ha estado usted allí alguna vez? Yo tampoco, pero sé que está junto a Banyoles. Fue al final de la guerra. El 18 de julio le había sorprendido en Madrid, y tuvo que refugiarse en la embajada de Chile, donde pasó más de un año. Hacia finales del treinta y siete escapó de la embajada y salió de Madrid camuflado en un camión, quizá con el propósito de llegar hasta Francia. Sin embargo, lo detuvieron en Barcelona, y cuando las tropas de Franco llegaban a la ciudad se lo llevaron al Collell, muy cerca de la frontera. Allí lo fusilaron. Fue un fusilamiento en masa, probablemente caótico, porque la guerra ya estaba perdida y los republicanos huían en desbandada por los Pirineos, así que no creo que supieran que estaban fusilando a uno de los fundadores de Falange, amigo personal de José Antonio Primo de Rivera por más señas. Mi padre conservaba en casa la zamarra y el pantalón con que lo fusilaron, me los enseñó muchas veces, a lo mejor todavía andan por ahí; el pantalón estaba agujereado, porque las balas solo lo rozaron y él aprovechó la confusión del momento para correr a esconderse en el bosque. Desde allí, refugiado en un agujero, oía los ladridos de los perros y los disparos y las voces de los milicianos, que lo buscaban sabiendo que no podían perder mucho tiempo buscándolo, porque los franquistas les pisaban los talones. En algún momento mi padre oyó un ruido de ramas a su espalda, se dio la vuelta y vio a un miliciano que le miraba. Entonces se oyó un grito: "¿Está por ahí?".

Mi padre contaba que el miliciano se quedó mirándole unos segundos y que luego, sin dejar de mirarle, gritó: "¡Por aquí no hay nadie!", dio media vuelta y se fue.

De *Soldados de Salamina*
Javier Cercas
(Cáceres, 1962)

*

Neurobiología de la toma de decisiones

Las neurociencias sugieren que el razonamiento guiado por la emoción facilita el proceso de toma de decisiones. Según nuestras investigaciones y las de otros colegas, el área orbitofrontal –área íntimamente relacionada con las estructuras emocionales– resulta crítica para el proceso de toma de decisiones. Cuando intentamos analizar en detalle las áreas cerebrales involucradas, encontramos que otras áreas como la corteza prefrontal dorsolateral y dorsomedial son críticas, además de la antedicha, en el proceso de toma de decisiones. Estas últimas son áreas más cognitivas que emocionales y están también involucradas en tareas como el procesamiento de la memoria operativa, la planificación y la atención. Es decir, una y otras interactúan en el proceso normal de toma de decisiones.

La toma de decisiones es un mecanismo cognitivo complejo y un déficit en esta función puede manifestarse de distintas maneras. El estado de ánimo influye muchísimo en esta capacidad. Generalmente los pacientes neuropsiquiátricos desarrollan patrones deficientes en la toma de decisiones coherentes con las manifestaciones clínicas y neuropsicológicas de la enfermedad. Por ejemplo, en situaciones típicas de juego, los depresivos demoran más tiempo en tomar decisiones y, además, tienden a apostar menos que los grupos de control en situaciones favorables; los obsesivos prefieren la recompensa inmediata y no desarrollan una buena estrategia; los impulsivos apuestan enseguida (no esperan para analizar todas las posibilidades detalladamente); los extrovertidos, maníacos o desinhibidos se sienten más positivos, actúan decisivamente hacia potenciales recompensas y apuestan mucho sin recolectar previamente toda la información necesaria. En diversas ocasiones es difícil saber si esto se debe a una genuina actitud de búsqueda de riesgo o consecuencia de la impulsividad que padecen. Muchos de estos temas los iremos ampliando en las próximas páginas.

Miopía del futuro

El 15 de enero de 2009, unos pocos minutos después de despegar del Aeropuerto de Nueva York, el piloto del vuelo 1 549 se dio cuenta de que un problema en sus motores no le permitiría llegar exitosamente a destino y tampoco volver al aeropuerto. Tomó, entonces, una de las decisiones más trascendentales de su vida: amerizar en las frías aguas del Río Hudson y lograr, de esa manera, que todos los pasajeros y la tripulación salvaran sus vidas. Si el piloto de ese avión hubiese sido una computadora, muy posiblemente todos estarían muertos. Las 155 personas se salvaron porque Chesley Sullenberger II, *el héroe del Hudson*, tenía un cerebro humano y, particularmente, porque su lóbulo frontal estaba intacto.

Los seres humanos, basados en nuestra experiencia, intuición, aprendizaje y emoción, integramos la información en un contexto que cambia permanentemente de manera inmediata y automática. La corteza frontal desempeña un papel clave en la toma de decisiones y en integrar el contexto, aunque, por supuesto, otras áreas cerebrales también están involucradas. Si alguna parte del cerebro tiene que ver mayormente con nuestra identidad, con lo que nos distingue de las demás criaturas vivientes y, al mismo tiempo, nos hace a cada uno de nosotros diferentes, esa área es el lóbulo frontal. Si otras partes específicas del cerebro se dañan, por ejemplo, puede haber debilidad motora en un miembro, dificultarse la percepción o perderse aspectos del lenguaje o ciertas memorias, mientras que la *esencia del individuo* permanecería intacta. Cuando se dañan los lóbulos frontales, lo que cambia es la personalidad.

El lóbulo frontal ocupa toda la región anterior del cráneo. Esta región cerebral, que termina de madurar entre la segunda y tercera década de la vida, resulta crítica para la recuperación de información almacenada en otras regiones del cerebro y la facilitación, de esta manera, de diferentes funciones intelectuales. Así es como manejamos al mismo tiempo muchos recuerdos y los combinamos de infinitas formas diferentes. ¿Qué es, a fin de cuentas, la imaginación, sino la capacidad de articular imágenes viejas para componer secuencias nuevas? ¿Y qué es la planificación sino la capacidad de crear virtualmente, es decir, en nuestro cerebro, un futuro posible que nunca ha existido en el pasado? ¿Cómo se logra una solución imaginativa para un problema inesperado sino es a través de la capacidad de adaptarse a la imprevista situación a partir de un orden novedoso de los elementos conocidos? Todo ello fue puesto en funcionamiento por el piloto del avión cuando fue hacia al río no sin antes dejar pasmados a los controladores de torre al informar sobre su decisión: "Nos vamos al Hudson", les dijo.

El lóbulo frontal desempeña un papel central en el establecimiento de objetivos y en la creación de planes de acción necesarios para obtener esas metas. Estos procesos que coordinan capacidades cognitivas, emociones y la regulación de respuestas conductuales frente a diferentes demandas ambientales se denominan *funciones ejecutivas*. Estas habilidades pueden dividirse en dos: por un lado, las llamadas *metacognitivas*, que incluyen la resolución de problemas, el pensamiento abstracto, la memoria de trabajo, la planificación, estrategia e implementación de acciones; por otro, las emocionales o motivacionales, responsables de coordinar la cognición y la emoción, es decir, de encontrar estrategias socialmente aceptables para los impulsos. ¿Qué significa esto último? Se refiere a cuestiones, como las que vimos unas páginas atrás, en las cuales están implicados, por ejemplo, la inhibición de los instintos básicos (muchas veces nos hemos visto tentados de reaccionar violentamente y no lo hemos hecho, o tomar algo que deseamos y no nos pertenece, o actuar sin condicionamientos frente al deseo).

Exactamente eso es aquello que falla en muchos pacientes con afectación del lóbulo frontal. Hemos aprendido mucho acerca del funcionamiento normal de esta región cerebral a través del estudio de pacientes con afectación en esa zona.

Un caso que abrió muchísimas puertas a estas investigaciones fue el de un joven estadounidense capataz de una compañía de ferrocarril que sufrió un accidente en 1848. Phineas Gage, que así se llamaba, era un empleado fiable, eficiente, capaz, equilibrado y muy trabajador, hasta que un día una barra de hierro atravesó su lóbulo frontal. Milagrosamente sobrevivió pero, tras su recuperación, la personalidad de Gage cambió radical y permanentemente. Se convirtió en alguien impulsivo, desinhibido, irreverente, que elegía siempre opciones riesgosas e irresponsables. Sus decisiones ya no eran ventajosas para él ni para su familia: decidía desfavorablemente al desestimar las consecuencias negativas de sus acciones. Como Phineas Gage, los pacientes con lesión frontal saben qué está bien y qué está mal, pero de todas maneras deciden desventajosamente. Estos pacientes tienen una *miopía del futuro* en su toma de decisiones, privilegian la recompensa inmediata, aunque esto tenga repercusiones negativas a mediano o largo plazo.

Resulta curioso que el tamaño del lóbulo frontal de los primates y de los humanos no sea demasiado distinto. Sí, como hemos visto, sus habilidades frontales. Los estudios neurocientíficos postulan que esto podría deberse a una interconexión más rica en los humanos. Asimismo, el análisis arqueológico no ha descubierto una gran evidencia de las funciones ejecutivas metacognitivas en el hombre prehistórico. Estas representan una adquisición reciente en la evolución. El lenguaje, principalmente, y otros instrumentos culturales (las matemáticas, el dibujo y la tecnología) han contribuido al desarrollo de habilidades metacognitivas.

Todas estas cualidades le proveyeron al ser humano de los recursos suficientes para resolver muchos problemas ligados a su vida cotidiana, a su desarrollo y a su expectativa de vida. También, para enfrentar los problemas sociales más importantes. El hambre, las guerras y las muertes evitables deberían ser historia pasada si las funciones ejecutivas metacognitivas –racionales– hubiesen sido utilizadas efectivamente en la solución de estos problemas. Pero, como sabemos, ni el hambre, ni las guerras, ni las muertes evitables han, lamentablemente, desaparecido de la faz de la tierra. Una respuesta posible de estas situaciones es que las cuestiones sociales, por lo general, tienen también un contenido emocional.

Muchas teorías científicas postulan que las decisiones derivan de una evaluación de distintas alternativas de los posibles resultados con un análisis racional, controlado y consciente. Sin embargo, como hemos referido y referiremos en el resto del capítulo, gran parte de nuestras decisiones están guiadas por nuestros estados afectivos —regulados, en parte por el lóbulo frontal— y por procesos implícitos que muchas veces no alcanzan la conciencia. Evolutivamente el cerebro ha desarrollado un proceso de toma de decisiones humanas en el que no solo están involucradas áreas ligadas a lo lógico y computacional sino también a lo emocional. Cuando otras personas están involucradas, no es fácil permanecer neutral desde el punto de vista emocional, ya que implican poder, sumisión, beneficios personales, etc. El énfasis en el control del comportamiento, el anticiparse a las consecuencias de la conducta y otras habilidades semejantes han contribuido a la falsa idea de que nos regimos solo por la racionalidad. La historia humana (pensemos en grandes y trágicos sucesos del siglo xx en el mundo, por ejemplo) claramente contradice esta idea.

Podemos anudar estos conceptos que hemos expuesto apelando a un recurso poético que permite inferir el todo por la parte: diríamos, entonces, que el lóbulo frontal actúa como *sinécdoque* de nosotros mismos. Somos los que, con ímpetu social, podemos salvar las vidas tomando decisiones acertadas y los que nos volvemos improcedentes con ciertas injusticias de largo alcance: la desnutrición y la subnutrición, la indigencia, el analfabetismo.

Digamos, entonces, que la *miopía del futuro* no es solo una manera de definir un fenómeno neurológico.

Algunas sociedades también parecen padecerla. Muchas veces, como sociedad, elegimos lo que nos brinda una satisfacción inmediata e hipotecamos en el mismo gesto nuestro destino común y el de las próximas generaciones. Una acción fundamental a través de la cual evitamos esta *miopía social* es la educación. En ella sabemos observar desde lo inmediato y proyectarnos hacia el porvenir. La educación integra, da oportunidades, genera sociedades armónicas con igualdad. Quizás, entonces, la medida del buen funcionamiento del *lóbulo frontal de nuestra sociedad* esté justamente ahí: en tomar las decisiones colectivas que se adapten a las situaciones dadas y que vayan mucho más allá de un puñadito de tiempo, que sepan ver con nitidez el futuro.

El juego del ultimátum

La neuroeconomía es una nueva área que estudia las bases neurales de los procesos cognitivos y emocionales involucrados en la toma de decisiones económicas. En el llamado Juego del Ultimátum, dos jugadores dividen una cantidad de dinero. Un jugador hace una oferta de cómo se podría repartir el dinero entre los dos. El otro jugador puede aceptar o rechazar la oferta. Si la acepta, el dinero es dividido como se propuso, pero, si es rechazada, ningún jugador recibe nada. Por ejemplo: el sujeto A recibe 10 pesos y tiene que ofrecer al sujeto B una suma entre 0 y 10 pesos. La teoría económica (por ejemplo, la

del matemático John Nash, ganador del premio Nobel
de Economía y representado en la película *Una mente
brillante*) sostiene que el jugador A consigue más dinero
quedándose con nueve y dando 1 al jugador B. Además
sugiere que si al jugador B se le ofrece 1 peso debe acep-
tarlo ya que es mejor tener 1 peso que nada.

Pero esto no es lo que solemos hacer los seres humanos en la realidad. En estudios neuropsicológicos se
observó que la mayoría de las personas en la posición
A ofrece casi siempre la mitad (alrededor de 4-5 pesos).
También se observó que la mayoría de las personas en la
posición B rechaza una oferta menor de 3 pesos porque
se sienten insultados, ya que la consideran injusta. Pero
lo que resulta interesante es que esto no pasa cuando juegan con una computadora: aceptan cualquier cantidad
que esta les ofrezca ya que no se sienten *despreciados* por
la máquina.

Frente a estos resultados, se estudió qué pasa en el cerebro cuando se realiza el Juego del Ultimátum a través
de la resonancia magnética funcional. La pregunta que se
quiso responder fue: ¿Por qué la elección de los jugadores
contradice la teoría económica?

Es importante recordar dos datos previos de las neurociencias cognitivas:

- la ínsula anterior está asociada con emociones
  negativas
- la región prefrontal dorsolateral está asociada a tareas más cognitivas que emocionales

Este estudio permitió observar la activación cerebral mientras los sujetos respondían a propuestas justas (por ejemplo, 5 pesos sobre 5 pesos) o injustas (por ejemplo, 9 pesos sobre 1 peso). Mientras que las áreas cognitivas se activaban en ambos tipos de ofertas, la ínsula anterior (disgusto) se activaba significativamente ante el rechazo de las propuestas injustas, lo que sugería un papel importante de la emoción en la toma de decisiones. Esta área parecería competir con áreas más *intelectuales* del cerebro, la zona del impulso racional del cerebro que incitaría a aceptar 1 peso antes que nada. Cuanto más actividad en la ínsula, más posibilidades de que el sujeto rechace el dinero. La interpretación de estos resultados fue que la cantidad de emoción/disgusto ante una oferta injusta determinaría si la persona rechaza o no esta oferta.

Límites y riesgos del "neuromarketing"

El *neuromarketing* puede ser definido como cierta aplicación de metodología utilizada en la investigación neurocientífica para analizar, comprender y predecir el comportamiento humano en relación al mercado y al consumo de productos y bienes de uso. Las empresas que ofrecen esta clase de servicios incluyen el uso de técnicas como la resonancia magnética funcional o los estudios de electroencefalografía para evaluar si las personas responden favorablemente o no ante el nombre de una marca, un producto determinado o, incluso, algunas de sus características. Actualmente existen varias empresas que ofrecen sus servicios de neuromarketing por internet.

La mayoría de estas empresas prometen brindarles a sus clientes la *verdad* acerca de lo que los consumidores piensan y sienten acerca de un producto. También afirman que sus métodos permiten revelar la actividad mental inconsciente de las personas ante un producto o al momento de tomar una decisión. Para abordar críticamente esta situación, debemos analizar esta oferta a partir de dos elementos antedichos. Es cierto que los últimos años han sido testigos del avance de metodologías cada vez más precisas y efectivas para medir la actividad de la corteza cerebral, tanto espacial como temporalmente (es decir, qué áreas se involucran en determinadas tareas y en qué momento). Sin embargo, este avance no implica que se puedan conocer los pensamientos de una persona con solo mirar las áreas que se activan de su cerebro en un estudio de resonancia.

La pregunta que podríamos hacernos es cuánto hay de científico en todo esto. Muy poco, en realidad. El prestigio de la ciencia se lo utiliza, más bien, como *marketing del neuromarketing*. Las investigaciones científicas son proyectos complejos, de varios años, cuyas conclusiones están basadas en la utilización de múltiples pruebas y que tienen en cuenta las limitaciones de los instrumentos que utilizan. Asimismo, las conclusiones se corroboran sistemáticamente a partir de una serie de estudios en torno a la misma línea, y no de un único hallazgo independiente.

Estos estudios con imágenes pueden mostrar cuáles son las áreas que se activan cuando las personas se encuentran frente a determinados estímulos. Es así que, por ejemplo, una empresa de neuromarketing en San Diego, Estados Unidos (MindSign Neuromarketing) mostró la activación de un área cerebral, la corteza insular, ante el sonido de su teléfono celular. En función de estudios previos que relacionan a la corteza insular con la capacidad de sentir amor y compasión, los realizadores de este estudio concluyeron en que las personas aman a sus teléfonos. Este estudio evidencia los problemas que surgen cuando no se tienen en cuenta las limitaciones de una tecnología. Nuestro cerebro no funciona en forma parcializada, no hay una correspondencia entre una tarea, un objeto o un sentimiento y un área cerebral circunscripta y específica. Por el contrario, tal como hemos sostenido, nuestro cerebro opera en redes que integran la información de distintas áreas y que actúan de manera simultánea para poder dar lugar al repertorio de complejísimas conductas que nos caracterizan como especie humana. Así, aunque un área pueda ser la principal involucrada ante determinada tarea, integra a su vez otras regiones y sería ingenuo creer que la actividad cerebral ante las demandas de la vida diaria está confinada a solo una porción específica de nuestro cerebro. En consecuencia, un área cerebral puede estar involucrada en múltiples procesos cognitivos.

La investigación científica, para ser tal, debe ser sometida a una exhaustiva evaluación por un grupo de revisores antes de ser publicada. De este modo, se controla que los resultados no hayan sido manipulados a favor de lo que los autores querían demostrar *a priori*. Además, si un hallazgo solo es demostrado por un estudio pierde terreno en su consideración en comparación con hallazgos que son replicados por múltiples estudios de diferentes grupos y países. ¿Esto también sucede con el neuromarketing? En gran medida, no. La gran mayoría de estas empresas publican sus resultados en medios masivos y no en revistas científicas, evitando así ser sometidas a ningún control. Más aún, no especifican en sus páginas los detalles de los métodos que utilizan para realizar la adquisición y procesamiento de los datos. No es trivial esto. Vivimos en una época en la cual la información es nuestro principal recurso y cuyas plataformas de difusión permiten su democratización. Sin embargo, la posibilidad de tener acceso a la información nos obliga a ser rigurosos cuando damos a conocer un resultado o divulgamos un hallazgo.

Si no somos cuidadosos en la forma en que se presenta un resultado, si no se explican cuáles son sus limitaciones y cómo tienen que ser interpretadas sus conclusiones, se fomenta un conocimiento superficial que va en contra de los objetivos de cualquier investigación y que puede convertirse en una herramienta de manipulación y engaño. El surgimiento de empresas que ofrecen servicios de neuromarketing plantea, por ende, serias cuestiones éticas que se deben tener en cuenta:

a) regulación: como las investigaciones en marketing no se consideran parte de la investigación científica, sus protocolos no son evaluados por ninguna institución ni organismo; además, no revelan los detalles de la metodología implementada y no son sometidas a rigurosos análisis por revisores científicos

b) confidencialidad de los datos: en su mayoría, ninguna de las páginas de las empresas de neuromarketing menciona las políticas de privacidad o confidencialidad: no se da a conocer quiénes van a tener acceso a la información de los estudios y tampoco adoptan una postura ante el caso de encontrar en forma accidental evidencias de patologías (por ejemplo, si uno participara como voluntario de este tipo de estudios y se evidenciara como hallazgo incidental un tumor cerebral en la resonancia magnética: ¿cómo debería procederse?)

Es deber de todos los investigadores, sean de la rama que sean, elaborar sus estudios de manera metódica y divulgar al público los conocimientos y descubrimientos de forma clara y transparente, ya que es la única manera de que el conocimiento se convierta en una herramienta útil para toda la sociedad. Más allá de que todavía resta por debatir la alianza entre el mercado y la investigación científica, lo que indefectiblemente surge es la necesidad de que las empresas que ofrezcan estos servicios cumplan con los más rigurosos criterios de investigación y sean responsables en el tratamiento y difusión de sus resultados.

Como dijimos en las primeras páginas de este libro, sería imprescindible realizar un debate serio sobre los hallazgos en el estudio del cerebro, sus limitaciones y las posibles implicancias y aplicaciones de la investigación en áreas disímiles. De esta manera la sociedad tendría mecanismos de evaluación cada vez más elaborados para seleccionar, aprobar o desaprobar a instituciones, empresas o personas que quieran explicar, en nombre de las neurociencias pero con una evidencia científica pobre o nula, los secretos del consumo, la publicidad o, lo que es aún más delicado y misterioso, la intimidad del pensamiento de cada persona.

Preguntas y respuestas sobre las decisiones humanas

Hablemos del segundo fatal, *ese en el que decidimos A cuando era B, ese que puede traer aparejadas consecuencias mínimas (escribir mal la cifra en un cheque) o gravísimas (como los errores humanos en las tragedias automovilísticas, aéreas, etc.). ¿Por qué se producen? ¿Qué hace que elijamos A y no B —muchas veces teniendo los conocimientos para comprender que B era la opción correcta—? En definitiva, ¿por qué nos equivocamos?*

Las decisiones de la vida cotidiana nos parecen fáciles y sencillas, especialmente si las comparamos con decisiones abstractas como calcular números primos o decidir cuál es el resultado de una ecuación diferencial. Sin embargo, las decisiones de la vida cotidiana, algu-

nas simples (como elegir algunos productos del supermercado) y otras complejas (como decidir compartir la
vida con una pareja), implican un alto grado de incertidumbre y requieren un aprendizaje de hábitos sociales
muy sofisticados. Los humanos, por un lado, hacemos
uso del sentido común, entendido este como un conjunto de aprendizajes sociales que nos indican cómo com-
portarnos en determinadas situaciones. Por otro lado, al
tomar decisiones a menudo nos guiamos por claves emocionales que nos orientan, muchas veces de forma totalmente inconsciente. Si no usáramos la información emocional (que nos habla de la relevancia de una decisión) y
el sentido común (que nos ayuda a tomar decisiones de
acuerdo al contexto), la cantidad de información que
nuestro cerebro debería evaluar resultaría excesivamente
trabajosa y lenta, inadecuada para nuestros contextos rápidos y cambiantes. Por ello, el cerebro utiliza atajos en la
toma de decisiones, a fin de poder elegir adaptativamente
la información saliente y relevante del conjunto de datos
masivos que se nos presenta en una situación. Muchas
veces los errores se cometen cuando estos atajos emocionales o de sentido común resultan inadecuados.

*¿Cómo opera el cerebro en esas situaciones? ¿Es verdad que la
activación de áreas cerebrales inadecuadas induce a errores?*

Más que áreas cerebrales inadecuadas, lo que sucede
es que, en algunos errores, ciertas estrategias de decisión
no resultan adecuadas. Justamente, estos procesos cog-

nitivos y afectivos implican la activación de diferentes
áreas cerebrales, pero no es la activación cerebral *per se*,
sino el proceso cognitivo que la desencadena el que induce a error. Por supuesto, en múltiples patologías neu-
ropsiquiátricas, en las cuales existen déficits cerebrales
asociados a la toma de decisiones (por ejemplo, en las
lesiones frontales, en la demencia, en el autismo o en la
esquizofrenia) pueden observarse activaciones atípicas o
inadecuadas de algunas áreas cerebrales en la toma de
decisiones.

*¿Y es verdad que cuando se aprende a inhibir estas acti-
vaciones perturbadoras se logra razonar con cierta lógica?*

En diversos ámbitos, tanto académicos como cotidianos, existe un mito muy extendido: que las emociones y
el sentido común son opuestos al razonamiento lógico.
Este mito está basado en el supuesto de que las mejores decisiones se toman en base a una lógica abstracta.
Autores como Amos Tversky y Daniel Kahneman han
mostrado las limitaciones y sesgos de la racionalidad humana, bastante alejada de un proceso de decisión abstracta puramente lógica. Sin embargo, como hemos dicho, las emociones y el sentido común, la mayoría de las
veces, nos orientan en un mundo altamente cambiante,
impredecible, que no se comporta como un sistema lógico en el que se pueda predecir la mejor decisión en
base a una estadística probabilística. Múltiples estudios
han evidenciado que la nuestra es una racionalidad eco-

lógica, contextual, guiada por atajos emocionales y que esta estrategia es la más adecuada para tomar decisiones. Nuestra mente no es un sistema lógico-formal abstracto. Por el contrario depende de la acción situada, corporizada y afectiva. Permítasenos un ejemplo: a una ama de casa le resultaría muy difícil resolver en abstracto un cálculo bayesiano de optimización de valores múltiples. Sin embargo, en la práctica cotidiana, cuando esta misma señora va a un supermercado y hace las compras del mes, su conducta puede presentar altos estándares de optimización de la relación calidad-precio tan efectivos como los que habría resuelto en un proceso computacional bayesiano, pero desarrollado en un contexto situado. Por ende, no se trata de desactivar las perturbaciones de las emociones, del contexto o del sentido común para evitar los errores, sino de tomar conciencia de cómo estos atajos están operando automáticamente, y saber identificar en qué situaciones no debe tomárselos en cuenta.

¿Es verdad lo que demuestran algunos estudios científicos acerca de que el cerebro previene los errores? ¿Cómo ocurre esto?

Ello es verdadero en cierto sentido. Por ejemplo, muchas investigaciones han evidenciado que en tareas simples de decisión se activan áreas anteriores del cerebro (denominadas *corteza cingulada anterior*) en conjunto con ciertos neurotransmisores (dopamina) que funcionan como un proceso de aprendizaje contextual en base a errores cometidos. Dicho aprendizaje es utilizado en situaciones similares para prevenir errores. Este monitoreo de los errores no es reflexivo y está presente antes de que seamos conscientes de la decisión que tomaremos instantes después. De esta forma nuestro cerebro aprende de los errores viejos y tiende a anticipar posibles situaciones en las que se pueden evitar nuevos traspiés.

¿Hay algún momento en el que se es más proclive a cometer errores? ¿Es cierto que cuando uno hace tareas aburridas el cerebro se pone en una especie de modo stand by *y ahí pueden ocurrir los errores?*

Si nos restringimos a los errores en tareas de decisiones que requieran atención y concentración en el tiempo, las fallas en la atención, la concentración o una motivación disminuida son fuente frecuente de tropezones. La falta de una actividad con sentido (física o mental) pareciera predisponer negativamente al cerebro. Aunque no está totalmente demostrado, algunas investigaciones sugieren que el mantenerse mentalmente activo puede compensar y reducir múltiples déficits cognitivos que conllevan a cometer errores.

¿Se pueden evitar los errores? ¿O trabajar para reducirlos? ¿Cómo? ¿Existen técnicas para esto?

Ciertamente se puede trabajar para reducir los errores. Ello depende en qué tipos de errores se esté pensando:

por ejemplo, en tareas altamente complejas como manejar un avión, la práctica simulada como la que se da a través de entrenamiento con sistemas virtuales parece reducir considerablemente la ejecución de errores. En contexto de decisiones de alto riesgo, el manejo de la tensión emocional, así como el trabajo en equipo ayudan a prevenir errores.

¿Cómo reacciona el cerebro ante situaciones límites?

Quizás una de las propiedades más fascinantes del sistema nervioso es la forma en que densas y complejas conexiones se forman para dar una respuesta. En situaciones límites, hay una hiperactivación de algunas de estas redes, que generan respuestas exageradas que involucran químicos en el cerebro y la liberación de hormonas, de modo que haya una coordinación entre lo que pensamos y cómo actuamos.

¿La actividad del cerebro se acelera en momentos de peligro? ¿Cómo actúa el cerebro ante el miedo?

Como dijimos antes, el sistema nervioso forma densas y complejas conexiones para dar una respuesta. En situaciones de peligro, hay ciertas áreas que se activan para generar respuestas específicas. Pero este tema lo desarrollaremos con mayor profundidad en páginas siguientes.

¿Cómo actúa el cerebro cuando existen probabilidades imprecisas?

En las últimas décadas, los economistas, por ejemplo, han afirmado que las personas son adversas a la ambigüedad. En base a esta idea, se ha construido un modelo teórico de decisión que sugiere que cuando la probabilidad no es precisa, las personas se inclinan a considerar el peor resultado posible de cada acción que puedan tomar.

¿Es este un modelo matemático inteligente o corresponde a un proceso real en el cerebro?

Durante los últimos años se ha estudiado en detalle cómo las personas toman decisiones con niveles bajos de probabilidad (riesgosos). Sin embargo, mucho no se conoce acerca de las bases neurales de la toma de decisiones cuando las probabilidades son inciertas debido a falta de información (ambigüedad). El principal resultado de estos estudios al que se pudo arribar es que áreas diferentes del cerebro humano se activan cuando sujetos sin patologías neurológicas toman decisiones ambiguas y cuando toman decisiones riesgosas. Además, estos estudios demostraron que pacientes con lesiones cerebrales en esas áreas tomaban decisiones ambiguas y riesgosas en forma diferente que los sujetos sin lesiones. Por ejemplo, en los pacientes con lesiones en la corteza orbitofrontal no se evidenció la preferencia normal de decisiones arriesgadas por encima de las ambiguas. En síntesis, este estudio sugiere que habría un circuito cerebral específico que responde a la toma de una decisión ambigua o con incertidumbre diferente al que se activa cuando se toma una decisión riesgosa. Dilucidar los procesos neurales de la toma de decisiones humanas ayudará a entender las importantes diferencias entre riesgo y ambigüedad.

¿Cómo influye la edad en la capacidad de tomar decisiones?

Conocer si la capacidad de tomar decisiones de los ancianos sin patologías se encuentra intacta es muy importante para las políticas sociales y económicas: los ahorros se acumulan a través de la vida y una gran proporción de estos está en manos de las personas mayores; además los ancianos tienden a ir a votar más que los jóvenes por lo que pueden tener una gran influencia política. Sin embargo, la mayoría de los estudios de toma de decisiones se han realizado en personas jóvenes. Esto se debe en gran medida a la idea –sin demasiado fundamento– de que la habilidad de tomar decisiones declina con la edad. Aunque algunos ancianos son vulnerables a enfermedades degenerativas como la enfermedad de Alzheimer, muchos permanecen productivos e intelectualmente activos. En un estudio bien diseñado se comparó la toma de decisiones en un grupo de 50 personas sin enfermedad neurológica con un promedio de edad de 82 años versus un grupo de 51 estudiantes de 20 años de promedio, y se observó un patrón similar en la toma de decisiones entre los dos grupos. Esto refuta la creencia general –y algunos estudios previos– acerca de que esta habilidad se pierde con la edad. Un dato interesante de este estudio es que los jóvenes tendían a ser más confiados en las repuestas, en cambio los ancianos evidenciaban conocer con mayor precisión sus saberes y limitaciones.

¿Cómo influye el sexo en la capacidad de tomar decisiones?

Es interesante el hecho de que los mecanismos neurales de la misma toma de decisiones parecerían ser diferentes en las mujeres y en los hombres. Se ha comprobado a través de la prueba conocida como Juego de Azar de Iowa (*Iowa Gambling task*), que simula la toma de decisiones en la vida real, que cuando las mujeres toman decisiones en la prueba de los cuatro mazos se activa en mayor medida el área prefrontal dorsolateral izquierda, un área cognitiva –o más racional del cerebro no tan involucrada en las emociones–. En los varones, cuando toman decisiones en la misma prueba, se activa más el área orbitofrontal derecha, un área cerebral con masivas conexiones con los centros emocionales del cerebro como la amígdala.

¿A qué edad los chicos empiezan a tomar decisiones guiados por ese patrón de conducta (emoción-razón) que luego va a operar en ellos de adultos?

La toma de decisiones durante el crecimiento es un aspecto importante de la adaptación al funcionamiento social. Existen algunas investigaciones que indican que los niños en edad preescolar son capaces de tomar decisiones que les producirán beneficios en el futuro. Por ejemplo, el psicólogo Walter Mischel estudió la habilidad para demorar recompensas inmediatas durante la edad preescolar. A los niños se les mostraba un caramelo y se les comentaba que podrían tener ese caramelo ahora o esperar y más tarde recibir dos caramelos. Este estudio indicó que la habilidad para esperar por una recompensa mayor comienza a emerger durante la etapa preescolar. También se observó que esta habilidad en niños de cuatro años se correlacionaba a éxito y habilidad social en la adolescencia.

*

Íbamos a salir de su apartamento cuando Miralles se detuvo.
—Dígame una cosa. —Habló con la mano en el picaporte: la puerta estaba entreabierta—. ¿Para qué quería encontrar al soldado que salvó a Sánchez Mazas?
Sin dudarlo contesté:
—Para preguntarle qué pensó aquella mañana, en el bosque, después del fusilamiento, cuando le reconoció y le miró a los ojos. Para preguntarle qué vio en sus ojos. Por qué le salvó, por qué no le delató, por qué no le mató.
—¿Por qué iba a matarlo?
—Porque en la guerra la gente se mata —dije—. Porque por culpa de Sánchez Mazas y por la de cuatro o cinco tipos como él había pasado lo que había pasado y ahora ese

soldado emprendía un exilio sin regreso. Porque si alguien mereció que lo fusilaran ese fue Sánchez Mazas.

Miralles reconoció sus palabras, asintió con un amago de sonrisa y, acabando de abrir la puerta, me dio un golpecito con el bastón en el envés de las piernas; dijo:

—Andando, no vaya a ser que pierda el tren.

Bajamos en ascensor a la planta baja; desde recepción pedimos un taxi.

—Despídame de la hermana Françoise —dije mientras caminábamos hacia la salida.

—¿Es que no piensa volver?

—No si usted no quiere.

—¿Quién ha dicho que no quiero?

—Entonces le prometo que volveré.

Fuera la luz estaba oxidada: era el atardecer. Aguardamos el taxi a la puerta del jardín, frente a un semáforo que cambiaba de luz para nadie, porque en el cruce de la Route des Daix y la Rue Combotte el tráfico era escaso y las aceras estaban desiertas. A mi derecha había un edificio de apartamentos, no muy alto, con grandes cristaleras y balcones desde los que podía verse el jardín de la Résidence des Nimphéas. Pensé que era un buen lugar para vivir. Pensé que cualquier lugar era un buen lugar para vivir. Pensé en el soldado de Líster. Me oí decir:

—¿Qué cree usted que pensó?

—¿El soldado? —Me volví hacia él. Con todo su cuerpo apoyado en el bastón.

Miralles observaba la luz del semáforo, que estaba en rojo. Cuando cambió del rojo al verde, Miralles me fijó con una mirada neutra. Dijo:

−Nada.
−¿Nada?
−Nada.

De *Soldados de Salamina*
Javier Cercas

*

Neurobiólogos y cientistas políticos

El cerebro y la política están íntimamente ligados, porque con el cerebro procesamos la información para la vida en sociedad y generamos las respuestas plásticas para actuar en relación con los otros. ¿Y qué es la política sino el esfuerzo para vivir en sociedad, adaptarnos y generar respuestas creativas a problemas colectivos? El campo de interacción entre los neurobiólogos y los cientistas políticos se encuentra todavía en un estado incipiente porque las disciplinas no han colaborado de manera consistente en el pasado. Esto ha comenzado a cambiar y un conocimiento relevante, útil y desafiante en términos intelectuales surgirá de este diálogo.

Un punto de encuentro parece ser el estudio de la toma de decisiones. En la ciencia política y en la política práctica, poder predecir los patrones de conducta de líderes y ciudadanos que conforman electorados es clave. Un error frecuente en el análisis político es suponer que los demás utilizan los mismos procesos de pensamiento que uno. La capacidad de darse cuenta de que otras personas piensan y desean diferente a nosotros, la *cognición social*, es una habilidad social presente en mayor o menor grado en todos nosotros. El desafío conjunto de la neurobiología y la ciencia política es aportar información valiosa y preguntas que sirvan como insumo y combustible a nuestra capacidad de ponernos en el lugar del otro para entenderlo.

Un ejemplo de esto lo otorga un estudio que permitió, con técnicas neurofisiológicas, medir la actividad cerebral de partidarios conservadores y partidarios progresistas en Estados Unidos. Los conservadores fueron más estructurados y persistentes en sus juicios y toma de decisiones mientras que los liberales mostraban más tolerancia a la ambigüedad y más apertura a nuevas experiencias. Estos resultados son consistentes con la visión de que la orientación política, en parte, refleja diferencias individuales en el funcionamiento del control cognitivo o, dicho de otro modo, de la *visión del mundo*, incluidas las ideas políticas; la que surge de una interacción compleja y rica entre la experiencia cultural y las condiciones estructurales de nuestro cerebro.

Un obstáculo para esto es la diferencia de herramientas que existen entre los campos de conocimiento. Mientras la ciencia política utiliza muestras de numerosos individuos para realizar mediciones que prueben las teorías, en la neurobiología se usan muestras chicas y de alta complejidad tecnológica, como las neuroimágenes. Un aporte posible es la utilización de esta tecnología para explorar lo no dicho, la información de votantes que en encuestas se declaran indecisos, pero que se reservan las respuestas emocionales hacia personas o ideas. Tal vez, la función de estos estudios y de estas tecnologías sea mostrar indicios a ser validados con investigaciones posteriores estadísticamente sólidas para la ciencia política. Con toda seguridad, la neurobiología y la ciencia política colaborarán en el futuro en una interacción rica donde algunas veces los expertos en ciencia política planteen una incógnita y los neurobiólogos acerquen una hipótesis plausible y/o viceversa.

El gran desafío, una vez más, es que quienes transitamos cualquiera de estos campos tengamos la *cognición social* suficiente para mirar de manera amplia experiencias, conocimientos y sistemas de ideas diferentes para generar interacciones ricas, innovadoras y creativas con el fin de contribuir a la creación de conocimiento útil a la hora de hacer mejor la vida en sociedad.

Decisiones políticas

En tiempo de elecciones políticas, las encuestas que solemos escuchar en la radio o leer en el diario dibujan un potencial panorama sobre quiénes serán nuestros gobernantes (y sobre quiénes no lo serán). También los candidatos y asesores de campaña recogen esa información para acomodar discursos a los intereses de las mayorías. Pero, ¿cómo surgen esos intereses?, ¿qué es lo que hace que una persona elija a un candidato por sobre otro?, ¿qué pueden aportar las neurociencias a este aspecto crucial de los procesos sociales?

Una de las investigaciones recientes publicada en la prestigiosa revista *Science* y realizada por Alexander Todorov de la Universidad de Princeton, mostró que inferir a algún candidato como *competente* a partir de la apariencia facial puede predecir el resultado de las elecciones. Los participantes del estudio fueron expuestos rápidamente a caras de candidatos a senador o a gobernador que no conocían. Veían un par de fotos por vez y, basados en sus intuiciones, tenían que decir cuál de las caras les parecía de una persona más competente. Los investigadores encontraron que los juicios faciales predijeron los ganadores en un 70%. Estos hallazgos sugieren que el voto, muchas veces asumido como producto de una deliberación racional, es, más bien, influenciado por un juicio rápido e inconsciente. Asimismo, Agustín Ibáñez, jefe del laboratorio de psicología experimental de Ineco, demostró en un trabajo publicado en *Frontiers in Human Neuroscience*, que el cerebro detecta automáticamente (en menos de 170 milisegundos) si un rostro integra o no el propio grupo de pertenencia y le asigna una valoración positiva o negativa mucho antes de que el sujeto responda.

Durante la campaña presidencial de Estados Unidos en el año 2004, se investigó a un grupo de simpatizantes demócratas y otro de republicanos. Ambos grupos fueron evaluados en un resonador funcional mientras veían discursos de George W. Bush y John Kerry. En estos discursos, ambos candidatos se contradecían con sus propios dichos previos. Como era de esperar, los republicanos fueron tan críticos de Kerry como los demócratas de Bush, y ambos grupos fueron benévolos con su propio candidato. Los resultados revelaron que las áreas racionales del cerebro se mantuvieron sin demasiada actividad, mientras que las áreas realmente activas fueron las relacionadas con el procesamiento emocional.

Drew Westen, de la Universidad de Emory, sostiene que hay tres elementos muy influyentes en el voto de los ciudadanos: los *sentimientos* hacia los candidatos, hacia el partido y hacia las ideas que estos representan. Westen afirma que los demócratas gobernaron Estados Unidos menos que los republicanos en las últimas cinco décadas porque creen que la gente vota fundamentalmente de manera racional. Esto quiere decir, según Westen, que no tomaron en cuenta cómo la emoción es central para la toma de decisiones.

Si bien estas teorías específicas necesitan más investigaciones, sí hay evidencia suficiente, como vimos en este capítulo, de que las emociones guían nuestras decisiones en muchas circunstancias. Las encuestas sobre la aprobación (o desaprobación) a determinado político, entonces, representan una radiografía de los síntomas, las consecuencias de un proceso personal y social en donde las emociones constituyen un elemento que va más allá de un sencillo ritual de campaña.

*

El 18 de abril de 1948 Calogero tuvo aquel sueño; al día siguiente, los resultados de las elecciones demostraron la verdad del sueño; Calogero no lo dudaba, estaba tan seguro que ni siquiera fue a la sección para oír los comunicados radiofónicos; los camaradas que la mañana del 18 oyeron sus previsiones últimas, primero dijeron que era un pájaro de mal agüero, luego convinieron en que era cuestión de razonamiento. Calogero no reveló a nadie que aquella previsión se la había soplado Stalin en sueños.

Al mirar la fotografía de Stalin, veía cada vez más en aquella cabeza una radiografía de pensamientos, como un mapa que se iluminara sin parar en distintos sitios, ora Italia, ora India, ora América, cada pensamiento de Stalin era un hecho en el mundo.

De *La muerte de Stalin*
Leonardo Sciascia
(Racalmuto, 1931-Palermo, 1989)

*

Decisiones colectivas

Cuando leemos libros de historia, muchas veces nos resulta intrigante pensar cómo determinada sociedad pudo haber tomado una decisión que seguramente, si hubiese sido abordada de manera individual, habría resultado diferente. Los seres humanos somos una especie que desarrolló una capacidad extraordinaria para vivir en grandes grupos comunitarios. Esta vida en sociedad ha tenido ventajas evolutivas, ya que permitió que nuestro cerebro lograra un desarrollo extensivo de las áreas dedicadas a las funciones sociales. Pero también tuvo implicancias en nuestra conducta, y la toma de decisiones muchas veces no puede ser realizada –ni analizada– de manera particular, sino colectivamente.

Los seres humanos no somos los únicos que tomamos decisiones colectivas. Algunas especies de abejas alcanzan consenso pegándoles *cabezazos* a aquellos miembros de la colmena con *opiniones* opuestas a las de la mayoría. En otras especies, la toma grupal de decisiones, tales como la dirección hacia la cual han de migrar o cómo distribuir sus recursos, son el resultado de complejos procesos. Animales que suelen vivir en grupo –por ejemplo, pájaros, peces e insectos– frecuentemente exhiben conductas complejas y coordinadas. Debido a que pueden ser fácilmente observados y manipulados, ofrecen oportunidades para vincular el comportamiento individual con el funcionamiento y la eficiencia de las dinámicas a escala grupal.

Investigadores de la Universidad de Princeton han generado modelos computacionales que posibilitan emular poblaciones de animales con distintos grados de información. Por ejemplo, permiten a cada animal virtual elegir una de dos ubicaciones para relocalizarse y van manipulando con complejísimos algoritmos matemáticos un set de variables que incluye el número de animales, la solidez de sus convicciones, la preferencia de cada animal por otro de su comunidad, etc. A partir de estas simulaciones digitales, los investigadores encontraron que, como era de esperarse, cuando la mayoría de los animales tenían una fuerte preferencia por mudarse a una locación, el grupo efectivamente se relocalizaba en su lugar predilecto. Pero también encontraron que, cuando la fuerza de la minoría superaba cierto umbral, que era el resultado de múltiples procesos, esta podía determinar el comportamiento grupal. Ello demostró que una minoría con opiniones fuertes puede prevalecer sobre una mayoría con convicciones más débiles. Descubrieron además que, cuanto mayor era la cantidad de individuos *desinformados* en la comunidad, más tendencia había a que el resultado fuera el de la mayoría. Los mismos investigadores estudiaron a las *carpas doradas*, unos peces muy sociables que desarrollan su vida en cardumen. Observaron que, cuando introducían en el cardumen peces que no tenían información sobre el ambiente –pues habían sido criados por separado–, había una tendencia a disminuir el influjo de una minoría con opiniones fuertes. Estos académicos de la Universidad de Princeton sugieren que, en algunas especies, las decisiones colectivas tienen características intrínsecas que exceden las demandas individuales. Según ellos, las propiedades colectivas podrían surgir de la estructura y dinámica de las interacciones sociales entre los individuos.

Tomar una decisión a nivel colectivo haría que emergieran fenómenos propios de la interacción entre seres de la misma especie. Esta decisión podría verse influenciada por múltiples variables tales como el grado de información o la preferencia de un individuo por otro. De esta manera podemos comprender el trágico final del cuento sobre el Flautista de Hamelin, o la gloriosa resistencia de Ulises y su tripulación al encantador canto de sirenas.

¿Existe el libre albedrío?

Los seres humanos tomamos decisiones permanentemente: por ejemplo, leer este libro, optar por un menú para el almuerzo, elegir nuestra carrera universitaria o cambiar de trabajo. Las neurociencias se plantean hoy una pregunta fundamental que por décadas fue abordada por filósofos y teólogos: cada cosa que hemos decidido en nuestra vida, ¿realmente fue una decisión nuestra? ¿O simplemente sentimos como nuestra una decisión que ya estaba determinada? En otras palabras, ¿tuvimos la libertad de tomar esa decisión? ¿El ser humano tiene libre albedrío? Estas preguntas dominan hoy uno de los campos más fascinantes de las neurociencias modernas: el de la neurofilosofía. Algunos de los primeros experimentos sobre esto fueron llevados a cabo por el neurocientífico estadounidense Benjamin Libet.

En la década de 1980, Libet pidió a voluntarios, mientras medía la actividad eléctrica de sus cerebros, que eligieran al azar un momento para sacudir sus muñecas. Y que, cuando sintieran que tenían el deseo de sacudir la muñeca, observaran las agujas de un reloj y reportaran ese momento exacto. El hallazgo fue sorprendente: la actividad eléctrica del cerebro necesaria para llevar a cabo el acto motor precedía al momento en que los participantes sentían el deseo de realizarlo. Es decir, primero ocurría la actividad preparatoria del cerebro y recién después, incluso medio segundo más tarde, aparecía la sensación consciente de tener la libertad de decidir llevar a cabo esa acción. Experimentos similares en los últimos años realizados a través de neuroimágenes demostraron que nuestro cerebro, por ejemplo, había tomado la decisión de qué botón apretar entre varios, hasta siete segundos antes de que los participantes sintieran que habían decidido cuál.

Llamamos *libre albedrío* a la habilidad que tenemos de elegir, conscientemente, una alternativa de entre varias. Una manera de reflexionar sobre esto podría ser la siguiente: si pudiéramos *rebobinar* nuestra vida hasta un momento exacto en el cual tomamos una decisión y todas las circunstancias que llevaron a ella fueran las mismas, ¿volveríamos a tomar la misma decisión? ¿Podríamos tomar otra? Quienes argumentan que el libre albedrío no existe suelen referirse al hecho de que los seres humanos, en tanto criaturas biológicas, somos una colección de moléculas que deben obedecer las leyes de la física. Y nuestro cerebro no es la excepción.

Uno de los mayores problemas de esta postura está asociado a las consecuencias legales de esto. Si los seres humanos no tenemos libre albedrío y nuestra conducta resulta de la interacción de moléculas, ¿puede un criminal ser juzgado por sus actos delictivos? ¿Por qué condenar a alguien que no tuvo voluntad sobre sus acciones? Así, nos resulta casi imposible abandonar la idea de que tenemos libre albedrío.

Uno de los más evidentes aspectos que lo validarían lo otorga el hecho de que algunas decisiones son mucho más difíciles de tomar que otras. Si nuestras decisiones vinieran predeterminadas por la interacción de moléculas que conforman nuestro cerebro, ¿no debería ser igual de fácil o difícil decidir qué vamos a comer o qué carrera elegir? Una de las críticas más recurrentes a la experiencia antedicha de Libet es aquella que discute que la activación cerebral deba corresponderse exactamente a la decisión de una persona. Por otro lado, aun la física contemporánea discute cierto determinismo de la materia, dado que dos situaciones idénticas podrían producir dos trayectorias diferentes.

Desde hace siglos, el debate sobre la libertad de acción del ser humano resulta estimulante y sigue siendo otro gran enigma sobre su cerebro. Ese que parece no estar dispuesto a revelarse de manera aislada por imágenes de su tejido nervioso, porque se conforma a partir de una comunidad de mentes, el mundo humano forjado por millones de cerebros a través de siglos y siglos.

*

En la ciudad hay un rey secreto. Nadie —excepto los guardianes— sabe quién es. Ni él mismo lo sabe.

Puede ser un barrendero, un abogado criminalista, el jefe de estación del ferrocarril. Sus decisiones mínimas son consideradas decisiones de estado. Sus palabras casuales se convierten en sentencias. Sin saberlo, ordena castigos y ejecuciones.

Imaginemos: enciende un fósforo y ordena un incendio. Acaricia a un gato y es liberado un prisionero. Tira una piedra y derrumban una torre. Pero son ejemplos que imaginamos sin certeza alguna. Quizás no hay ninguna relación entre sus actos casuales y sus consecuencias: enciende un fósforo y derrumban una torre.

Cada siete años la conspiración triunfa y el rey es asesinado. Entonces se elige al azar otro rey cualquiera: un médico, un equilibrista, un nombre raro en la guía telefónica, alguien que pasa, el que escribe esto, el que lee esta página.

De *Rey secreto*
PABLO DE SANTIS
(Buenos Aires, 1963)

*

La biología del miedo

El miedo es uno de esos estados emocionales que hace que el mundo se detenga, que todo el resto del entorno entre en un compás de espera hasta que ese peligro sea resuelto de alguna manera.

Vivimos en un estado emocional. Cuesta imaginar cómo sería nuestra vida sin alegrías, tristezas, enojos o miedos. Las emociones constituyen una parte crítica de nuestra experiencia que adhieren *color* a nuestros estados mentales e influyen en nuestras conductas. También son claves para nuestra memoria, para tomar decisiones, para ayudarnos a evitar el dolor y a buscar el placer. En todo aquello que nos resulta importante están involucradas las emociones.

Hoy sabemos que las estructuras cerebrales fundamentales para el procesamiento emocional son arquitectónica y funcionalmente muy parecidas en todos los mamíferos y hay quienes sostienen que estructuras similares se pueden encontrar también en reptiles, pájaros y peces. En otras palabras, la detección eficiente de estímulos relacionados con la supervivencia (como la presencia de alimentos, de potenciales parejas o de predadores) es algo que se fue desarrollando durante millones de años y que no se modificó demasiado. La diferencia entre los seres humanos y otras especies radica en el procesamiento de esas emociones (en especial en términos de *sentimientos*). Esto se debería al desarrollo de otras capacidades mentales complejas y su interacción con el sistema más primitivo de procesamiento de estímulos de relevancia biológica involucrados en la supervivencia de la especie.

De las emociones básicas propuestas por Darwin (tristeza, alegría, ira, sorpresa, asco y miedo), sin dudas la que se ha estudiado con mayor detalle a lo largo de las últimas décadas ha sido esta última. El miedo es un estado emocional negativo generado por el peligro o la agresión próxima. Como referimos, cualquier otro estado emocional puede ser pospuesto; el miedo, no. Uno tiene que responder al miedo de manera inmediata; por lo tanto siempre se halla privilegiado en relación con otras emociones. La amígdala, un pequeño núcleo de neuronas situado en los lóbulos temporales de nuestro cerebro, desempeña un papel crucial en la detección y expresión de ciertas emociones, pero particularmente en el miedo. Individuos con lesiones en esta parte del cerebro tienen dificultad en reconocer expresiones de miedo en otras personas y presentan un déficit en su *memoria emocional*, es decir, carencia de memoria para eventos pasados personales que tuvieran una connotación emocional, especialmente negativa.

¿Cómo podríamos caracterizar la secuencia de eventos que nos suceden cuando sentimos miedo? Imaginemos el caso extraordinario de que un tigre hambriento entra en nuestra casa. ¿Qué es lo primero que nos sucede? Sin dudas, los cambios en nuestro cuerpo como el aumento de la frecuencia cardíaca y la sensación de terror y pánico. Estos últimos dos procesos son diferenciables: el primero podemos medirlo de manera objetiva; el segundo, a través de un autorreporte que nos brinda la misma persona que lo experimenta, es decir, del procesamiento de la emoción. Ante un estímulo amenazante, se activa la amígdala, que actúa como una central de alarma en nuestro cerebro y se inicia una respuesta que involucra a nuestro organismo para la huida o la defensa.

Los humanos, además, contamos con un sistema más elaborado para protegernos: la ansiedad. El miedo (detectar y responder al peligro) es común entre las especies. Sin embargo, la ansiedad (técnicamente se llama así a un estado emocional negativo en el que la amenaza no está presente, pero es anticipada) depende de habilidades cognitivas que solamente han sido desarrolladas en el humano. Esta característica está dada por la cualidad única que tenemos los seres humanos de poder revisar el pasado y proyectar el futuro. Es así que podemos vislumbrar varios escenarios posibles en el futuro y recrear, a la vez, eventos del pasado que podrían haber ocurrido pero que no existieron realmente. Esta capacidad de proyección sobre el pasado y el futuro le ha otorgado a los seres humanos un instrumento crucial para su supervivencia: resolver antes de que sea tarde, prepararse antes de que el peligro se haga presente.

Pero, ¿qué pasa cuando experimentamos ansiedad frente a eventos que no son peligrosos en sí mismos? La ansiedad genera que, ante riesgos imaginarios, el sistema de alarma igual se dispare. Un ejemplo clásico es el siguiente: supongamos que estamos caminando por la calle y, súbitamente, aparece un ladrón que nos amenaza y nos roba la cartera. En esa vivencia sin duda experimentamos cambios corporales concretos como respiración agitada, palpitaciones, sudoración, entre otros síntomas. Esa reacción es el miedo. Un tiempo después, nos hallamos caminando por el mismo lugar y, aunque nadie nos amenace ni nos robe, nos preocupa encontrarnos con un ladrón. La experiencia de transitar por ese mismo camino nos llena de preocupación.

Ese sistema de alarma puede no funcionar correctamente cuando no anticipa un peligro inminente, como en el caso antedicho de lesiones en el lóbulo temporal. Pero también cuando empieza a detectar peligros donde no los hay y a evaluar los riesgos en exceso. Esto último es lo que ocurre en los trastornos de ansiedad, los desórdenes psicopatológicos más comunes en las sociedades modernas. El factor común de esta patología es la evaluación exagerada de los peligros del ambiente, el miedo que paraliza. Una ilustración literaria de esto es la que narra el protagonista de *El corazón delator* de Edgar Allan Poe: "¡Es cierto!", así comienza el cuento, "Siempre he sido nervioso, muy nervioso, terriblemente nervioso. ¿Pero por qué afirman ustedes que estoy loco? La enfermedad había agudizado mis sentidos, en vez de destruirlos o embotarlos. Y mi oído era el más agudo de todos. Oía todo lo que puede oírse en la tierra y en el cielo. Muchas cosas oí en el infierno".

El miedo también afecta nuestra vida en sociedad, como sostiene el neurocientífico de la Universidad de Nueva York, Joseph Ledoux, quien postula: "El miedo puede, definitivamente, modular las situaciones sociales. Maridos, esposas, padres y profesores usan el miedo igual que los políticos para conseguir objetivos sociales. Este no es un juicio de valor. Es justamente lo que hacemos.

Sería mejor si usásemos formas menos aversivas de motivación pero precisamente porque el miedo funciona tan bien, es por defecto lo que más usamos". Sería mejor, sin dudas, que ciertas emociones básicas positivas nos guiaran en las construcciones interpersonales y sociales de gran escala. Hay muchos ejemplos de esto en la historia y seguramente los habrá en el futuro. El miedo no moviliza, más bien todo lo contrario, encuentra su provecho en el *toque de queda*. Es a través del terror extremo como se construyen los sistemas autoritarios: la amenaza permanente a quienes no adscriben al mismo, el temor a la pérdida de la integridad. Esa estrategia primitiva de coerción dista mucho de lo que las sociedades modernas y democráticas mantienen como ideal. La comunidad solidaria que deben constituir las naciones tiene que ver también con saber curarnos los espantos los unos a los otros, y que, en todo caso, el que persevere sea aquel que supo cantar García Lorca: el miedo a perder la maravilla.

La genética en los trastornos mentales

Si los genes fuesen un determinante biológico con el que se escribe nuestro futuro, se haría improbable cualquier reto al destino. En la investigación de las bases biológicas de los trastornos mentales, por ejemplo, una pregunta fundamental es conocer cuánto influyen dichos factores genéticos. Aunque existe evidencia de que la depresión, el trastorno bipolar, el trastorno por déficit

de atención con hiperactividad (TDAH) y la esquizofrenia tienen tendencia a distribuirse en forma familiar, el
preciso papel de los genes en estas condiciones y en otras
enfermedades psiquiátricas es todavía un tema de gran
discusión científica.

Los genes son las unidades funcionales del ADN y determinan la estructura de los productos celulares, principalmente proteínas. Algunas veces los genes se alteran
y generan mutaciones. Un ejemplo de esto es el dalto-
nismo o *ceguera de los colores*. En esta enfermedad, ligada al cromosoma X, es defectuoso el gen que codifica
las proteínas pigmentadas responsables de la visión de los
colores. En las enfermedades mentales, sin embargo, los
genes conferirían susceptibilidad o predisposición pero
no serían la causa directa de la enfermedad. La epidemiología habla, entonces, de factores de riesgo cuya presencia aumenta la posibilidad de que una persona padezca
una enfermedad. Esto indica que ha perdido fuerza una
idea que prevaleció por mucho tiempo de que habría
un gen único anormal que podría causar una enfermedad mental.

El factor genético no es suficiente para explicar el
desarrollo de las enfermedades psiquiátricas más comunes tales como depresión, los trastornos de ansiedad, el
trastorno bipolar, el TDAH y la esquizofrenia. Aproximadamente el 1% de la población mundial estaría determinada genéticamente a tener en algún momento de
su vida cierto rasgo típico de esquizofrenia, pero esto no
implica necesariamente que desarrollará inevitablemente

la forma completa de la enfermedad. La esquizofrenia es una enfermedad que tiene múltiples causas y se produciría como un cruce del componente genético, es decir, la predisposición a padecerla, y un componente ambiental, que remite a las relaciones del sujeto con su entorno. Por ejemplo, el nacimiento urbano aumenta el riesgo de esta enfermedad en forma lineal: una persona que nació en una gran ciudad tiene 2.37 más probabilidades de desarrollar la enfermedad que una persona que nació en el campo. Esta compleja situación se comprende en un modelo que integra los factores genéticos con los factores ambientales, denominado modelo "Genes X Ambiente". El gen confiere predisposición, pero para que la enfermedad se desarrolle debe interactuar con algún factor o estresor ambiental. El efecto del gen no sería producir directamente la enfermedad, sino algún déficit intermedio que favorece el desarrollo de la misma. Por otro lado, no se trataría de un solo gen, sino de una serie de genes que interactuarían para conferir susceptibilidad a padecer la enfermedad (la importancia de encontrar estos genes podría ayudar al desarrollo de estrategias terapéuticas).

Todo esto nos revela que existen personas con riesgo genético para desarrollar una enfermedad psiquiátrica pero que, a la vez, poseen mecanismos compensatorios ante factores ambientales que logran evitarla.

Detección temprana

El impacto de las enfermedades mentales en la sociedad mundial es enorme. En la actualidad, una de cada cuatro personas en el mundo sufre un problema de salud mental por año. La depresión es la principal causa de discapacidad entre personas de entre 35 y 50 años y, en los próximos diez años, será la segunda causa general de discapacidad al superar a los accidentes de tránsito, los accidentes cerebrovasculares y la enfermedad pulmonar obstructiva crónica. Como patología extrema, la depresión es la principal causa de los suicidios que se producen en el mundo (uno cada cuarenta segundos).

La cuestión básica para arribar a tratamientos posibles para un presente y un futuro más satisfactorio de los pacientes, sus familias y la sociedad es entender cuáles son las particularidades de este tipo de enfermedades. En contraste con muchas otras condiciones médicas crónicas, los trastornos mentales comienzan en una etapa temprana de la vida, usualmente antes de los 30 años (en muchos casos, incluso, durante la adolescencia). Padecimientos como la depresión, el trastorno bipolar, la esquizofrenia y el autismo son la manifestación clínica de sutiles alteraciones en el normal desarrollo del sistema nervioso. Prestigiosos estudios han detectado que el 13% de los chicos entre 8 y 15 años tienen alguna forma de trastorno mental y menos de la mitad recibe tratamiento.

Redefinir estas enfermedades como alteraciones en el neurodesarrollo significa que el proceso que las determina ha ocurrido mucho antes de que se manifestaran los primeros síntomas, lo que nos da una oportunidad sin precedentes de prevenir las enfermedades mentales como también aprovechar estos conocimientos para un mejor diagnóstico y tratamiento. Ya no se trata de esperar en forma pasiva que los pacientes lleguen a la consulta: proyectos de investigación a gran escala han demostrado que es posible identificar en forma precoz a las personas en riesgo de enfermar y, de esta manera, modificar la trayectoria de la enfermedad.

Como en el resto de la medicina, la detección temprana se ha convertido en el objetivo primario del trabajo en salud mental. Pese a los grandes avances de las neurociencias, los diagnósticos en psiquiatría se siguen llevando a cabo a partir de conversaciones con el paciente y su familia sobre sus síntomas y su historia. En la medida en que los trastornos mentales son alteraciones cerebrales, podemos esperar que algunos indicadores biológicos o cognitivos sutiles (pero, aun así, medibles) podrían ser detectados antes de la aparición de todos los síntomas de la enfermedad. Esto permitiría cumplir con la premisa de que cuanto más precoz es el reconocimiento de la enfermedad, mejor es el pronóstico. La intervención temprana resulta, como en muchos órdenes de la vida, una clave para lograr evitar, en muchos casos, y mitigar, en otros, las enfermedades mentales. Se trata de anticiparse al futuro.

El desorden de la ansiedad

Nos habrá pasado escuchar que desde la calle comienza a sonar la alarma de un carro. Nos asomamos y vemos que el carro fue violentado y la alarma logró el efecto disuasivo deseado; o nos damos cuenta de que el auto está sin ningún problema y que la alarma sonó por sonar. En este último caso, quizás tengamos la desgracia de que ese sonido aturdidor vuelva intermitentemente frente a cada mínimo estímulo o que no pare hasta que su dueño la desactive.

Esta situación cotidiana nos permite realizar una analogía con los sistemas de alarma que también tenemos los seres animados. Repasemos algunos conceptos antedichos. Como otros animales, los humanos poseemos un sistema rápido y automático de respuesta ante el peligro: la reacción de miedo. Cuando observamos en nuestro entorno un estímulo amenazante, se activa en nuestro cerebro una central de alarma: la amígdala. A partir de ella se dispara una respuesta que compromete a nuestro organismo en su conjunto para la huida o la defensa. Este mecanismo primario, pero útil, gobierna muchas de nuestras reacciones frente al peligro.

Sin embargo, los seres humanos disponemos de un equipo más sofisticado para defendernos: la ansiedad. El desarrollo del cerebro humano, y en particular de sus áreas prefrontales, expandió, entre otras, las capacidades de nuestra especie para revisar el pasado y escrutar el futuro.

Nuestro cerebro puede imaginar escenarios posibles en el futuro. Puede también imaginar cosas que podrían haber sucedido en el pasado, aunque no sucedieron. Puede simular mentalmente situaciones en detalle, sin necesidad de llevarlas a cabo. Puede evaluar probabilidades y riesgos. En resumen, puede crear realidades virtuales, con mayor facilidad que cualquier computadora.

Esta capacidad ha brindado a los seres humanos un arma para su defensa: anticipar y resolver antes de que ya sea tarde, prepararse antes de que el peligro esté presente. Esa es la misión de la ansiedad. Para entender la ansiedad, podemos compararla con un radar, es decir, un dispositivo que rastrea nuestro ambiente y nos avisa que una amenaza se aproxima. Con el tiempo suficiente, podemos tomar nuestros recaudos para defendernos o escapar. Pero es mucho más que un radar: es también un cuaderno de bitácora, donde registramos las experiencias peligrosas vividas, y un mapa que nos guía hacia territorios seguros.

Pero ¿qué puede pasar si este sistema funciona mal? ¿Qué ocurriría si esta alarma empieza a detectar peligros donde no los hay y evaluar los riesgos en exceso? ¿Qué consecuencias tendría el tomar demasiados recaudos por las dudas? ¿Y anticipar todo lo que puede salir mal sin poder parar? Esto es lo que ocurre en los trastornos de ansiedad, los desórdenes psicopatológicos más comunes en nuestras sociedades.

Cuando experimentamos un ataque de pánico, nuestro radar nos indica que algo catastrófico está ocurriendo y nuestro cerebro reacciona con vehemencia. En la ansiedad generalizada, no podemos parar de imaginar cosas malas que pueden suceder y las preocupaciones nos desbordan. En el trastorno obsesivo compulsivo (TOC), como ya analizaremos, lo que sentimos es que un picaporte puede albergar un virus mortal o que nuestros actos o pensamientos pueden tener consecuencias terribles para los demás. En el estrés postraumático los efectos de hechos traumáticos vividos irrumpen en nuestra mente una y otra vez y nos hacen sentir que pueden repetirse en cualquier momento. En las fobias, objetos o animales aparentemente inofensivos se vuelven intimidantes. En la fobia social, los otros seres humanos se vuelven amenazadores.

El factor común de estas condiciones es la evaluación exagerada y paralizante de los peligros del ambiente. Otro rasgo común de estos desórdenes es la adopción de medidas de seguridad excesivas, como evitar ciertos lugares o situaciones, o revisar y repetir muchas veces actos o pensamientos.

Lejos de lograr reducir la ansiedad, estos recaudos desmedidos aumentan la vulnerabilidad de la persona, y nos trasforman en víctimas de nosotros mismos. Como lo narró una y otra vez la popular historia de *Pedro y el lobo*, que luego de tantas falsas alarmas, cuando el peligro real arremete, ni los otros ni nosotros las creemos ciertas y ni siquiera nos asomamos para ver qué pasa.

Ataques de pánico y miedo a tener miedo

En los últimos años se han multiplicado, en las conversaciones cotidianas y también en los medios de comunicación, las referencias al ataque de pánico. ¿De qué se trata? Antes que nada conviene aclarar que, científicamente, no *todo* es ataque de pánico y tampoco *nada* lo es; y que, por sus manifestaciones físicas y psicológicas, el ataque de pánico es sinónimo de miedo extremo. Este consiste en la aparición abrupta de cuatro o más síntomas físicos intensos acompañados de mucho temor (por ejemplo, palpitaciones o taquicardia, dolor u opresión en el pecho, sudoración, temblores o sacudidas, sensación de ahogo, inestabilidad, mareos o sensación de desmayo, etc.). Cuando se presenta en forma inesperada y repetidas veces, muchos desarrollan el miedo a tener miedo. En ese preciso momento se configura el trastorno de pánico.

Por la intensidad de sus manifestaciones físicas, las personas que sufren por primera vez esta condición suelen acudir primero a las guardias clínicas, los cardiólogos o a los consultorios médicos. En una encuesta *online* realizada por la Clínica de Ansiedad y Estrés de Ineco, los participantes que informaron haber sido diagnosticados con un trastorno de pánico consultaron en promedio a 3.4 médicos antes de recibir el diagnóstico correcto.

Para diagnosticar este trastorno es necesario que las crisis se repitan y que aparezcan *de la nada*. Frecuentemente luego de varias crisis el paciente comienza a desarrollar lo que se llama *agorafobia*, que es el miedo a no poder escaparse o salir de un lugar si le ocurriera una crisis de pánico. Las situaciones que se temen con mayor frecuencia son: hacer ejercicio físico, alejarse de la casa solos, los medios de transporte (especialmente aquellos de los cuales es más difícil salir, como los aviones o el metro), las muchedumbres, los recitales o el cine, hacer colas largas y los lugares pequeños.

El trastorno de pánico generalmente comienza en la temprana adultez aunque puede haber casos de inicio en la adolescencia en pacientes más vulnerables a la ansiedad. En casos extremos el miedo está acompañado de fenómenos de extrañeza con el propio cuerpo o despersonalización.

Como las crisis de pánico tienden a repetirse, esto genera un estado de alerta ante la aparición de futuras manifestaciones. Este estado de hipervigilancia se conoce con el nombre de *ansiedad anticipatoria*. Librado a su evolución, el trastorno tiene una tendencia a la cronicidad con períodos de crisis más o menos severas que socavan el bienestar y la autoestima, limitan sus movimientos y, a veces, confinan a los pacientes a sus casas.

Las investigaciones neurocientíficas demuestran que existe un importante factor hereditario que suele combinarse con una sumatoria de diversas situaciones estresantes a lo largo de la vida que terminan detonando su aparición. Hay personas que solo experimentan una crisis de pánico aislada sin mayores consecuencias. Las guías y consensos de expertos internacionales para el tratamiento del trastorno de pánico indican que tanto la farmacoterapia como la psicoterapia cognitiva conductual son las dos herramientas básicas más eficaces. Las recomendaciones actuales también incluyen la psicoeducación, o sea la información y educación del paciente acerca de la naturaleza del trastorno y la evolución de esta enfermedad.

Entender aquellas cosas complejas que se dicen acá o allá y remiten a ciertas personas que sufren, nos hace más sabios en el conocimiento preciso de la enfermedad, pero sobre todo nos hace más comprensivos con quienes padecen el pánico extremo, el miedo a tener miedo, el desasosiego.

El estrés postraumático

El trastorno del estrés postraumático es una condición patológica que provoca síntomas incapacitantes que se correlacionan con alteraciones y disfunciones a nivel neurobiológico. Aquellos que han sufrido un trauma en su vida pueden desarrollar este trastorno incluso años después de ocurrido el mismo. Los traumas no son situaciones cotidianas que provocan estrés sino que son experiencias en las que estuvo en peligro la integridad física o la vida de una persona y que fueron experimentadas con intensa emoción (como haber vivido una guerra, haber sobrevivido a accidentes o catástrofes, haber sido víctima de abuso físico o sexual u otras situaciones de violencia extrema).

Las personas con trastorno de estrés postraumáti-co sufren reminiscencias en las que *reviven* la situación traumática como si estuviera sucediendo en el presen-te. Pueden, además, soñar con el trauma de manera rei-terada y tener síntomas emocionales como el desapego y la indiferencia, la tristeza e irritabilidad, la evitación y, en ocasiones, fallas en su memoria y otros trastornos cognitivos. También suelen presentar síntomas físicos característicos. Su curso es crónico y su tratamiento es complejo y debe ser realizado por especialistas, ya que requiere intervenciones farmacológicas y de psicoterapia cognitivo-conductual.

La prevalencia de este trastorno en la comunidad general es elevada con una tasa aproximada del 8%, aunque en situaciones especiales de catástrofe o guerra asciende a cifras de hasta el 25%. De hecho, este últi-mo síndrome puede encontrarse descrito con nombre propio del tipo: *corazón de soldado, fatiga del combate, shock de combatiente, astenia neurocirculatoria* o *neurosis de guerra.*

El trastorno de estrés postraumático cursa con altera-ciones orgánicas bien definidas que incluyen cambios en la fisiología del sueño, reducción del volumen de áreas cerebrales como el hipocampo y disfunción del sistema neuroendócrino. Estas afecciones explican la variedad de síntomas, la severidad y cronicidad del cuadro como el deterioro significativo en el funcionamiento general de aquellos que lo padecen.

El trastorno obsesivo compulsivo

Otra película ilustrativa sobre estos temas es *Mejor imposible*. Si tuvimos oportunidad de verla, seguramente nos habrán llamado la atención ciertas características en la conducta de Melvin Udall, el personaje que interpreta Jack Nicholson: al caminar por la calle se esfuerza por no pisar las juntas de las baldosas, al llegar a su casa enciende y apaga las luces tres veces, cada vez que se lava las manos lo hace con un jabón nuevo o antes de comer realiza un raro protocolo con los cubiertos. Melvin parece no poder vivir si no cumple con esos múltiples y extraños rituales.

El trastorno obsesivo compulsivo (TOC) es una perturbación mental frecuente con un alto grado invalidante que puede ocurrir tanto en niños y adolescentes como en adultos. Las obsesiones son ideas, impulsos o imágenes no deseadas e involuntarias que aparecen una y otra vez en la mente y causan ansiedad, miedo, angustia o malestar significativos. Las mismas parecen venir de la nada y la persona tiende a sentirlas como inapropiadas, por lo que intenta sin éxito ignorarlas o suprimirlas. Las compulsiones, por su parte, son conductas repetitivas o pensamientos que se llevan a cabo voluntariamente, con la intención de prevenir el peligro que anuncian las obsesiones o calmar la angustia o malestar que estas provocan. Una vez que la persona tuvo una obsesión, el malestar aumenta y con él la sensación de tener que hacer algo (realizar alguna compulsión) para impedir que su temor se haga realidad.

Las compulsiones más comunes son las de lavado y revisión, repetir algunas frases, acumular cosas inservibles,
ritualizar mentalmente –como, por ejemplo, decirse a sí
mismo siempre la misma frase– o acomodar objetos de
una manera determinada. El alivio luego de realizar la
compulsión es temporario e incompleto, y quien sufre de
TOC empieza a dejar muchas cosas de lado por el tiempo
que le consumen estos rituales.

En ocasiones la compulsión no guarda una relación
lógica con la obsesión, pero su realización alivia la ansiedad que genera esta última. Por ejemplo, el temor a
lastimar a alguien por el solo hecho de haberlo pensado,
puede ser seguido de la necesidad de contar (compulsión) o de realizar conductas repetitivas como saltar o
tocar objetos. Asimismo, las personas con TOC pueden
tener pensamientos de tipo mágico ("si toco tres veces un
objeto hago que no sucedan las cosas malas que temo").

El TOC tiende a persistir en el tiempo con períodos de
exacerbaciones y remisiones parciales que se agravan ante
situaciones de estrés. Librado a su evolución es un trastorno crónico cuyo grado de severidad puede ser variable
y que no solo afecta a la persona sino también a su entorno. Lo más frecuente es que el TOC se presente asociado a
desórdenes de ansiedad, del estado de ánimo (depresión
y enfermedad bipolar) y del control de impulsos, como
también a otros trastornos del espectro obsesivo compulsivo (EOC) que incluyen, por ejemplo, la hipocondría.

Resulta necesario subrayar que no siempre estos rituales
deslindados configuran un trastorno que merezca un tra-

tamiento clínico. Para diagnosticar un TOC, las obsesiones y compulsiones deben causar severo malestar, ocupar más de una hora por día, interferir la rutina usual del individuo o su funcionamiento personal o social. Y, aun cuando estas condiciones son severas, hay espacio para el optimismo. Las investigaciones han avanzado mucho durante los últimos años al haberse advertido que este trastorno posee una base neurobiológica que puede explicar los síntomas. Esto resulta clave para lograr un desarrollo de estrategias terapéuticas cada vez más eficaces para su tratamiento. Saber qué pasa es un elemento esencial para que lo mejor sea posible.

*

No era difícil imaginar un mayor abandono; pero Raskolnikov, dado su estado de espíritu, se sentía feliz en aquel lugar. Se había aislado de todo el mundo y vivía como una tortuga en su caparazón. La simple presencia de la sirvienta de la casa, que de vez en cuando echaba a su habitación una ojeada, lo ponía fuera de sí. Así suele ocurrir a quienes son dominados por ideas fijas.

De *Crimen y castigo*
FEDOR DOSTOIEVSKI
(Moscú, 1821-San Petersburgo, 1881)

*

Tristeza y depresión

Uno de los poemas más impactantes de Miguel Hernández es aquel que habla de la pena como un perro que no deja ni se calla, "siempre a su dueño fiel, pero importuno". Según las neurociencias, la tristeza es una emoción básica del ser humano y ocurre, fundamentalmente, en situaciones de pérdida.

Sin embargo, nuestro cerebro puede darnos una señal de tristeza en ausencia de un evento que lo justifique. Esta tristeza *sin causa* ha sido abordada desde la antigüedad. La melancolía, por ejemplo, era definida por la medicina hipocrática como "bilis negra proveniente del bazo que penetra en todos los órganos incluyendo el cerebro, produciendo síntomas depresivos" y estaba vagamente relacionada con lo que llamamos *depresión*. Este concepto apareció recién a mediados del siglo XIX cuando algunos diccionarios médicos ingleses la definieron como "el abatimiento anímico de las personas que padecen alguna enfermedad". Actualmente se reconocen como síntomas típicos de la depresión (no es necesario que estén presentes todos) el estado de ánimo decaído, tristeza o sensación de vacío la mayor parte del tiempo y en forma persistente, pérdida de interés en las actividades habituales y en la capacidad de experimentar placer, insomnio o, por el contrario, muchos deseos de dormir, agitación o el enlentecimiento motor, la fatiga y la pérdida de energía, falta o exceso de apetito, disminución del interés social y sexual, sentimientos inadecuados de culpa, inutilidad o preocupaciones económicas excesivas, pensamientos sobre la muerte, fallas de memoria y dificultades para pensar y concentrarse.

La diferencia entre la depresión y la tristeza normal ante una situación vital está dada por la intensidad, duración y el nivel de interferencia que producen en nuestro funcionamiento habitual. Aquí vale la pena recordar lo que mencionamos anteriormente, datos de la Organización Mundial de la Salud demuestran que en la década de 1990 la depresión era la cuarta causa de discapacidad; en 2004, subió al tercer lugar y se calcula que para 2030 será la principal causa de discapacidad en el mundo.

Es frecuente ver que en una familia, varios integrantes padecen o han padecido depresión. Sin embargo, no se ha descubierto aún el *gen de la depresión* y es difícil que se lo encuentre. La genética nos muestra que los genes confieren solo predisposición para determinadas enfermedades. Para que estas se manifiesten, son necesarias ciertas influencias del ambiente. La mayoría de las enfermedades mentales se corresponderían con este tipo de interacción. Un ejemplo de esto lo refleja el trabajo del investigador británico Avshalom Caspi que demostró la relación entre la exposición a estrés infantil y el desarrollo posterior de la depresión.

La depresión es una enfermedad que afecta el normal funcionamiento del cerebro de quien la padece y también de quienes lo rodean. En las últimas décadas, el tratamiento de los trastornos del ánimo ha sufrido enormes cambios. Hoy se cuenta con muchas herramientas para tratar la depresión. El trabajo interdisciplinario se transformó en el verdadero *estado del arte* en el tratamiento de la depresión. Y, aunque la mayoría de las personas con depresión puede mejorar, se calcula que solo del 15% al 30% de los pacientes con depresión reciben tratamiento.

En la última estrofa del poema de Miguel Hernández, uno de sus versos dice: "no podrá con la pena mi persona". La ciencia trabaja para mejorar la calidad de vida. En el caso de la enfermedad de depresión, parafraseando el poema, para que puedan las personas con la pena. Resulta central para condiciones como esta reconocer la enfermedad cuando ocurre y buscar ayuda.

¿Qué es el trastorno bipolar?

¿Qué tuvieron en común Vincent van Gogh, Virginia Woolf, Ludwig van Beethoven y Winston Churchill? Que todos han padecido una condición denominada *trastorno bipolar*. Los trastornos bipolares (también llamados *maníaco-depresivos*) son un conjunto de condiciones psiquiátricas a partir del cual se afectan los sistemas cerebrales que regulan el normal fluir de los estados del ánimo.

Nuestros cerebros han evolucionado de manera tal que son capaces de seleccionar entre un amplio abanico de respuestas anímicas frente a los desafíos que nos presenta la vida: por ejemplo, en algunos momentos necesitamos aumentar nuestra actividad laboral, tener más contacto social e incluso volvernos más audaces en la forma en que tomamos nuestras decisiones; en otras ocasiones, por el contrario, debemos responder a nuestro entorno disminuyendo nuestra actividad y tomando decisiones más conservadoras. En las personas que sufren trastorno bipolar, estos mecanismos están afectados de manera tal que presentan estados anímicos que son patológicos por su amplitud y/o duración o se realizan en un contexto inadecuado afectando su capacidad de adaptación y generando conductas inconvenientes.

Básicamente las personas afectadas por trastornos bipolares presentan tres tipos de crisis anímicas: *1)* episodios maníacos (un sentimiento de bienestar, estimulación y grandiosidad exagerado, el paciente se siente muy activo y con mucha energía) y/o hipomaníacos (estado de ánimo elevado, expansivo o irritable –sin la intensidad que tendría en una fase maníaca– pero diferente al estado de ánimo habitual del paciente); *2)* episodios depresivos; y *3)* episodios mixtos.

Estas crisis se pueden dar en sucesión y separadas por años, meses, semanas, días e, incluso, horas. La evolución de los trastornos bipolares es muy diferente en cada persona y depende, en buena medida, del tratamiento recibido. En el trastorno bipolar, los períodos de depresión normalmente duran más que los episodios maníacos. La depresión puede durar un año o más, mientras que los episodios de manía rara vez duran más de unos pocos meses.

Si bien aún no se conocen con exactitud los mecanismos neurobiológicos íntimos de esta condición, sí se sabe que los mismos están determinados en buena medida por una predisposición genética. Se calcula que más de 70% del origen de la enfermedad está establecido por cuestiones hereditarias ligadas a los genes que se combinan con elementos ambientales. Resulta muy importante, entonces, saber que los trastornos bipolares no dependen del estilo de crianza, ni de traumas psicológicos de la infancia, ni mucho menos de cuestiones vinculadas a la voluntad de las personas que los padecen. Por otra parte, aunque una persona tenga familiares directos afectados por la enfermedad, no quiere decir que inexorablemente la va a padecer.

Estos trastornos del ánimo afectan a millones de personas en todo el mundo sin distinguir fronteras culturales, económicas o sociales. Los trastornos bipolares son enfermedades que tienen la potencialidad de generar una importante merma en las capacidades para la interacción y el desarrollo laboral de las personas. Por esta razón recientemente esta condición ha sido considerada por la organización Mundial de la Salud como la sexta causa de discapacidad en el mundo. Tomar conciencia de la problemática es, como en otros órdenes, clave para lograr un tratamiento adecuado en los planos personal, familiar y social a gran escala. Sobre todo al tener en cuenta que un porcentaje creciente de personas que sufren de este trastorno, al ser correctamente tratadas, pueden llevar (y llevan) una vida plena.

Tomar conciencia sobre el autismo

La Asamblea General de las Naciones Unidas determinó que el 2 de abril se declarara como el Día Internacional de la Toma de Conciencia sobre el Autismo.

A partir de esto, durante todo el mes de abril se intenta atraer la atención de todos hacia este trastorno del desarrollo, alertar sobre su creciente prevalencia e informar sobre los avances de esta condición. Este apartado tiene también ese sentido.

El autismo es un trastorno del desarrollo que impacta esencialmente en tres áreas: la comunicación, la socialización y la conducta. Los trastornos del espectro autista están referidos a diferentes cuadros clínicos ligados a dificultades sociocomunicacionales y conductas repetitivas y se diferencian entre sí por la severidad de los síntomas, el coeficiente intelectual y la adquisición del lenguaje.

Uno de los primeros síntomas que puede alertar a los padres –en general, los primeros en notar las conductas inusuales en sus niños– es la manera en que el hijo responde a ellos. Cuando a un niño no le gusta que lo abracen o no mira a los ojos cuando lo miran a él, o cuando no responde a su nombre o a las expresiones de cariño, a las caricias o a las sonrisas, debería ser un motivo de alarma. El niño con trastorno del espectro autista puede tener dificultades para aprender a hablar o puede tener un lenguaje muy limitado. También, para jugar de forma interactiva con otros niños y suelen establecer un juego solitario. Pueden tener una baja sensibilidad al dolor o la temperatura pero son especialmente sensibles a ciertos sonidos, a ciertas texturas, a ciertos olores o a otros estímulos sensoriales. Tienen rigidez ante los cambios en la rutina e intereses restringidos.

Algunos padres describen que su niño se fue desarrollando normalmente y luego comenzó a perder habilidades adquiridas. El trastorno del espectro autista se puede detectar desde los 18 meses de edad o incluso antes y los pediatras tienen un gran papel en la detección temprana.

Aproximadamente, 1 de cada 150 niños tiene un trastorno del espectro autista.

La causa es todavía desconocida y actualmente no existe cura ni prevención, aunque existe mucho por hacer por los niños y sus familiares.

Los programas de tratamiento integrales y planificados de forma individualizada –que destaquen las fortalezas, ayuden a contrarrestar las debilidades de cada niño y que involucren a padres, profesionales de la salud, escuelas y maestros– ayudan a reducir considerablemente muchas de las dificultades experimentadas por la persona con autismo y, además, logran mejorar la calidad de vida de la familia.

Con el apoyo adecuado, el niño con este trastorno del desarrollo puede aprender a comunicarse mediante sistemas verbales o visuales y también puede recibir asistencia para el desarrollo de muchas de las habilidades sociales necesarias para la vida diaria.

Las personas que participan en el apoyo a la persona con autismo necesitan comprender cómo utilizar estrategias adecuadas para ayudar a superar muchas de las dificultades de estos niños en situaciones cotidianas.

Sin un diagnóstico, alguien con un trastorno del espectro autista no puede recibir la intervención especializada y la educación que se necesita para desarrollar o aprovechar al máximo sus habilidades.

Como en las otras condiciones descriptas, cuanto antes se haga el diagnóstico, mayores serán las posibilidades de que el niño y su familia reciban ayuda y apoyo adecuados. Existen asociaciones de padres que cumplen una función muy importante en la contención de los familiares, en la divulgación de información y en la defensa de los derechos de las personas que padecen esta condición.

En la medida en que comprendamos más lo que es autismo se podrá lograr una mayor integración social, con mayor tolerancia y sin prejuicios.

Las comunidades tienen, por cierto, ese fin de corresponderse unos a otros para que todos podamos potenciar las habilidades y superar las dificultades.

Efectos de la vida urbana sobre la salud mental

En lo que respecta a las investigaciones sobre los efectos de la vida en grandes ciudades sobre la salud mental, recientes estudios internacionales muestran que, si bien se trata de un fenómeno difícil de abordar, la población asentada en medios urbanos tiene mayor riesgo de padecer afecciones psicológicas y psiquiátricas. Un reciente *metaanálisis* (o sea, un estudio que analiza resultados de otros estudios) confirma esa tendencia: las personas que viven en medios urbanos tienen mayor riesgo de padecer depresión, trastornos de ansiedad e, incluso, afecciones mayores como la esquizofrenia. Si bien las diferencias no son abismales, en términos de salud pública, aun pequeños números cuentan. Ahora bien, más allá del hecho estadístico, son muchos los factores de índole ambiental y biológicos que interactúan para explicar por qué la vida urbana se asocia con más patología mental. Podemos mencionar los siguientes:

1. Las condiciones de vida estresantes: el ritmo, la intensidad y las condiciones de trabajo, la competitividad excesiva, el exceso de estimulación y ruido, los déficits en el descanso y el sueño, etcétera.

2. La interacción entre el estrés ambiental y la vulnerabilidad biológica. O sea, en personas que tienen ciertas predisposiciones genéticas (por ejemplo, a la depresión o la inestabilidad del ánimo, como el trastorno bipolar), el estrés podría actuar como un fuerte factor de desestabilización.

3. El exceso de sedentarismo y la mala alimentación, que afectan el sistema cardiovascular y, en consecuencia, el sistema nervioso, por la fuerte conexión que existe entre corazón y cerebro.

4. El aglutinamiento y el hacinamiento urbano en condiciones socioeconómicas deprimidas son un

factor multiplicador para la expresión de dificultades en la salud mental (incluyendo factores de
riesgo como ser las experiencias de violencia, abuso y maltrato, la exposición temprana a sustancias
tóxicas, la desnutrición infantil, etcétera).

5. El efecto estresante y a veces traumático de las mi-
graciones a las grandes ciudades.

6. Hipotéticamente también se especula que podría
incidir la exposición temprana a agentes patógenos
sutiles (por ejemplo, infecciones virales) que no evidencian inicialmente grandes efectos visibles, pero
que afectan el neurodesarrollo y que luego hacen
una explosión de dificultades en etapas más tardías.

7. Por último, un efecto de agregación de personas
con afecciones mentales en las ciudades. Esto significa que, progresivamente, las personas con estos trastornos se concentrarían en las ciudades de
manera gradual: inicialmente en busca de ayuda,
tratamiento o supervivencia, luego al afincarse
y finalmente al reproducirse allí. Con lo cual, la
expresión de estas dificultades, genéticamente, se
concentraría en estos ambientes.

El síndrome de Capgras: cuando la percepción y la emoción se desconectan

¿Es verosímil que un hombre mire a su madre y pien-
se: "se parece a mi madre, pero en realidad ella es una

impostora"? ¿Cómo puede una persona reconocer el rostro de su madre y, sin embargo, sentir que no es ella? La circunstancia más común de pacientes que han desarrollado un síndrome con estas características es la de haber estado en coma luego de un traumatismo de cráneo. Al despertar, el paciente ve a un ser querido, lo reconoce como tal, pero duda y concluye en que no es el verdadero.

Este raro fenómeno podría explicarse como consecuencia de una desconexión entre el sistema de reconocimiento visual y la memoria afectiva en el cerebro humano. A través del estudio de los daños en el cerebro de los pacientes y de otras pruebas clínicas, se ha arribado a una hipótesis que apunta a que es la falla en las conexiones neuronales de una estructura particular en la profundidad del cerebro, la amígdala, una de las causantes del síndrome. Como hemos dicho, la amígdala forma parte de un circuito neuronal que regula ciertas emociones. Cuando la amígdala se activa, provoca cambios fisiológicos, como por ejemplo la sudoración o el temblor en las manos. Cuando se observa algo (una persona, un animal, un paisaje, un cuadro, etc.), el mensaje es trasmitido a los centros visuales de la corteza cerebral, pero mirar, como dimos cuenta en el primer capítulo, es un proceso más complejo que no se completa allí sino que abarca y comprende múltiples niveles. Después de reconocer eso que se observó, es necesario responder a ese objeto *emocionalmente*. Esto resulta evidente cuando se admira un bello cuadro o una fotografía conmovedora.

Pero también cuando uno mira el rostro de su madre o de su hijo tienden a ser evocados la calidez y el matiz emocional correcto. Cuando miramos un rostro, el mensaje llega a las áreas visuales cerebrales, donde es identificado, y luego a la amígdala. Es en este sistema donde se genera la respuesta emocional correcta ante aquello que estemos mirando.

Lo que le sucedería al paciente que padece el síndrome de Capgras (así es el nombre de esta condición clínica que deriva de un homenaje al psiquiatra francés que la descubrió) es que el mensaje efectivamente llegaría a los lóbulos temporales, por ello reconoce a su madre como su madre y evoca los recuerdos apropiados, pero no arribaría a la amígdala porque las fibras, que van de una a otra estructura, están lesionadas como consecuencia del traumatismo. De este modo, no hay emoción, no hay sensación de calidez ni matiz correcto, con lo cual el paciente se pregunta: "si esta es realmente mi madre, ¿por qué no estoy experimentando ninguna emoción? Entonces seguramente ella debe ser una impostora, una extraña que pretende hacerse pasar por mi madre".

Afortunadamente para estos pacientes, la ilusión de Capgras tiende a superarse con el paso del tiempo. Pero, en cualquier caso, la pervivencia del estudio y la reflexión sobre este síndrome es porque nos permite vislumbrar de un modo ejemplificador cuán profundamente conectada se encuentra nuestra visión racional del mundo con nuestras respuestas emocionales básicas.

La obesidad o el trastorno en las decisiones

"El lunes empiezo" es una frase que se escucha recurrentemente cuando alguien está por comer algo que le da placer pero sabe que puede perjudicar su balanceada dieta. Esto, que la mayoría de las veces está tomado en tono pasajero, representa una posición vital que nos permite reflexionar sobre dos cuestiones fundamentales: una general, que no es más (ni menos) que privilegiar la satisfacción inmediata por sobre aquello que trae consecuencias favorables en el largo plazo (*la miopía del futuro*); y otro, sobre el tema específico de la problemática de la obesidad en las personas que la sufren y en nuestra sociedad.

La obesidad se ha vuelto, sin lugar a dudas, un problema de salud pública cuya magnitud es similar a la de otras grandes epidemias de nuestra historia. Por eso las neurociencias han abordado esta problemática y la estudian desde distintos planos: la identificación de genes que pueden influir en la motivación para comer y en el comportamiento alimentario; en el plano molecular, se dedica a entender qué señales están alteradas en el cerebro de personas obesas que estimulan mayor sensación de hambre, menor sensación de saciedad y menor control de impulsos; en el plano de los tejidos, sobre la relación entre los nervios de los órganos de la digestión y el resto del sistema nervioso; en el plano neurobiológico, sobre cómo difieren las estructuras cerebrales en las personas obesas, ya sean dichas diferencias causa o consecuencia de la obesidad; y en el plano conductual, se busca comprender los aspectos comportamentales que favorecen conductas de ingestas excesivas.

Existen varias hipótesis que han cobrado fuerza en los últimos años y que contribuyen a explicar ciertos aspectos de la obesidad. Una de ellas tiene que ver con lo que esbozábamos en un comienzo, es decir, con el control de aquellos impulsos que nos llevan a buscar el placer inmediato e ignorar las consecuencias futuras negativas de los actos. En este sentido, la obesidad respondería a una cierta falla en la capacidad de evaluar este beneficio a largo plazo al evitar ingestas copiosas aunque nos den un placer instantáneo.

En esto, múltiples estudios han demostrado que está involucrado el centro de recompensa del cerebro, aquel que se ve activado con todos aquellos actos que nos dan placer. En todos nosotros la comida moviliza las áreas de recompensa, pero el resto de las estructuras –y particularmente, como explicamos, la corteza prefrontal– nos ayudan a evaluar los beneficios y perjuicios a largo plazo de esa satisfacción inicial. En el cerebro de las personas que sufren obesidad, la activación de las áreas del placer enmascararían gran parte de los procesos más racionales, impidiendo tomar en cuenta el impacto negativo que vendrá con una ingesta de comida en exceso.

Aunque resulte evidente, debemos recordar a cada paso (a cada página) que es nuestro cerebro el que dicta todas y cada una de nuestras acciones. Esto nos permitirá entender que lo que muchas veces es percibido por la sociedad –e incluso por algunos profesionales de la salud– como una falta de voluntad del paciente obeso por cambiar, se trata en realidad de un cerebro cuyas conexiones no están siendo modificadas de manera sustanciosa como para generar un cambio de conducta que impacte en el día a día.

A propósito de esto, la virtud social está en la comprensión y el acompañamiento de quienes sufren esta enfermedad que agrede la autoestima, la salud y la calidad de vida. También en volver a poner en valor el sentido de las decisiones del presente ya que de estas depende el futuro verdadero, no ese lunes mítico que solo sirve para justificar las malas decisiones.

El consumo excesivo de alcohol

"Esta noche, amiga mía, el alcohol nos ha embriagado", canta el famoso tango de Enrique Cadícamo. Desde las neurociencias hoy podemos explicar qué era lo que la ingesta de alcohol les había hecho, en verdad, para que los llamaran *Los mareados*.

Diversos estudios han demostrado que el consumo excesivo de alcohol puede llevar a fallas en el funcionamiento cognitivo y cambios estructurales en el cerebro, algunos permanentes y otros reversibles. Más allá de esto, hay poco consenso sobre las características distintivas de estas fallas. Esta falta de consenso se debe a la dificultad de estimar cuánto es un consumo moderado de alcohol y cuánto no. Otra de las dificultades reside en la incapacidad de los bebedores de identificar y reportar correctamente cuánto alcohol consumen. Un estudio realizado por un grupo de científicos de Yale pedía a sus participantes que indicaran cuánto creían que habían consumido a lo largo de un lapso determinado de tiempo. Al comenzar el experimento, todos los participantes indicaban que no habían consumido, cosa que era cierto. A medida que empezaban a beber, y cuanto más consumían, reportaban que habían tomado menos alcohol de lo que había sido en verdad.

Como ya señalamos, las neuronas utilizan neurotransmisores, mensajeros químicos que transmiten información para comunicarse una con otra. El alcohol actúa sobre algunos neurotransmisores como el GABA que, en términos simples, se ocupa de inhibir la acción de ciertas neuronas. El alcohol se combina con los receptores de GABA haciendo que actúe más poderosamente. Entonces, a medida que uno ingiere alcohol, el compuesto GABA lentifica la actividad neuronal y el cerebro no funciona tan eficazmente como debería. Además, actúa sobre el glutamato, que es el neurotransmisor excitatorio más importante del cerebro humano y tiene un papel crítico en la memoria y cognición. El alcohol suprime el efecto del glutamato, lo que produce un detrimento de la velocidad de la comunicación entre neuronas. Asimismo, el alcohol incrementa la secreción de dopamina en el cerebro, clave en los centros de recompensa cerebrales. Autopsias realizadas a pacientes con alcoholismo demostraron que hasta el 78% de estas personas presentan algún grado de patología cerebral.

Como hemos visto, entonces, tanto la intoxicación directa como el consumo crónico de alcohol tienen efectos directos sobre nuestras funciones cognitivas. Se han identificado diversos procesos cognitivos que son susceptibles a sus efectos como la velocidad de procesamiento de la información, la atención dividida, la resolución de problemas, las funciones ejecutivas, la memoria de trabajo, el control inhibitorio, la flexibilidad cognitiva y el funcionamiento psicomotor. Entre estas, sobresale una profunda afectación de las funciones ejecutivas, las cuales, como mencionamos anteriormente, están involucradas en la regulación, planificación y control de diversos procesos cognitivos. Esta disfunción ejecutiva puede observarse en la conducta de una persona alcoholizada: fallas en la flexibilidad cognitiva, en estrategias simples de resolución de problemas, un control inhibitorio deficitario (esto quiere decir mayor impulsividad), fallas en la teoría de la mente (que, como vimos, se trata de la capacidad de inferir estados mentales de otras personas), en la planificación y en el procesamiento del humor. Otra consecuencia muy severa del consumo crónico de alcohol es el llamado Síndrome de Wernicke-Korsakoff, caracterizado por una profunda amnesia anterógrada (esto, recordemos, es la incapacidad de generar nuevos recuerdos) y dificultades en el recuerdo de eventos pasados.

Conocer sobre estas consecuencias insanas de la ingesta excesiva de alcohol quizás inhiba de cierta poesía bohemia a la vida, pero sin dudas le otorga algo más de chances de poder contar el cuento.

El cerebro adicto

Se sabe que Fedor Dostoievski escribió una de sus novelas más reconocidas, *El jugador*, acosado por las deudas, el apasionamiento amoroso y el desatino. Se suele ver el reflejo de esa pesadumbre en Alexei Ivánovich, el protagonista de la novela, un hombre seducido por la bella Polina, pero también por el juego. Tanto que en los últimos párrafos se confiesa diciendo: "Si pudiera dominarme durante una hora, sería capaz de cambiar mi destino". Esta frase permite definir de manera categórica de qué hablamos cuando hablamos de adicción, una forma particularmente peligrosa de búsqueda de placer.

La adicción fue considerada durante mucho tiempo como una debilidad moral o una falta de fuerza de voluntad. Por el contrario, actualmente es reconocida como una enfermedad crónica con cambios cerebrales específicos. Así como la enfermedad cardíaca afecta el corazón y la hepatitis, al hígado, la adicción afecta el cerebro, lo secuestra. De hecho, la palabra *adicción* deriva del latín (*addictus*) y significa en una primera acepción "dedicado o entregado a" y más tarde significará "esclavizado por", y se manifiesta en el anhelo por el objeto del que se es adicto, la pérdida de control sobre su uso y la necesidad imperiosa de continuar así a pesar de las consecuencias adversas que eso conlleva. Durante muchos años se creyó que solo el alcohol y las drogas podían causar adicción. Investigaciones recientes han demostrado que ciertas actividades como el juego, las compras, el sexo, la comida e, incluso, la tecnología, también pueden cooptar el cerebro y son registradas por este en forma similar a las drogas y el alcohol. El consenso científico actual sugiere que estos placeres pueden representar múltiples expresiones de un proceso cerebral común subyacente.

Uno de los descubrimientos más notables de las neurociencias ha sido la determinación de los circuitos de recompensa. Se trata de mecanismos de placer que involucran diferentes regiones cerebrales que se encuentran comunicados mediante neurotransmisores. La dopamina, como fue dicho, es un mensajero químico involucrado en la motivación, el placer, la memoria y el movimiento, entre otras funciones. En el cerebro, el placer se produce a través de la liberación de la dopamina en el núcleo *accumbens*. Justamente la acción de una droga adictiva funciona a partir de la influencia en ese sistema.

Como sabemos, algunos adictos llegan a focalizarse en conseguir y disfrutar de la droga excluyendo todos los demás aspectos de sus vidas: descuidan a su familia, su trabajo y su propia salud. A sabiendas de que se están destruyendo a sí mismos, siguen con el consumo de la droga y, a medida que continúan con su uso, se hacen tolerantes. Así, las dosis que inicialmente utilizaron para estimularse ya no son eficaces y necesitan usar dosis cada vez más altas. En la década de 1950, dos psicólogos canadienses, James Olds y Peter Milner, hicieron unos experimentos muy famosos en los cuales implantaron electrodos en el cerebro basal de los roedores y descubrieron que las drogas adictivas pueden liberar de dos a diez veces –y de forma más rápida– la cantidad de dopamina que las recompensas naturales.

Antes se pensaba que la experiencia del placer era suficiente para inducir a la gente a seguir buscando una sustancia adictiva. Pero nuevas investigaciones sugieren que la situación es más compleja. La dopamina no solo contribuye a la experiencia del placer, sino que también desempeña un papel en el aprendizaje y la memoria –dos elementos claves en la transición de consumir algo a convertirse en adicto–. La investigadora Nora Volkow, en Estados Unidos, utilizó la técnica de neuroimágenes denominada "tomografía por emisión de positrones" para etiquetar los receptores de dopamina en el cerebro humano y descubrió que efectivamente el funcionamiento normal del sistema dopaminérgico cerebral parece estar afectado en el abuso crónico de drogas. Sin embargo, este estudio planteó preguntas fundamentales a partir de esa conclusión: ¿son estos cambios en los receptores dopaminérgicos de los consumidores de drogas las consecuencias del abuso en el consumo?, ¿o es el abuso de drogas una consecuencia de una predisposición biológica, lo que quiere decir que estos cambios en los receptores dopaminérgicos están antes del consumo de drogas?

Otro enigma recurrente es el que plantea el comportamiento, a menudo impulsivo, de algunos consumidores de drogas. Nuevamente se evidencia la pregunta sobre cuál es la causa y cuál es el efecto. La vulnerabilidad genética contribuye al riesgo de desarrollar una adicción. Los estudios de gemelos y adopción muestran que alrededor del 40% al 60% de la susceptibilidad a la adicción es hereditaria. Pero el comportamiento juega un papel clave, especialmente cuando se trata de reforzar un hábito. Cada uno de nosotros tiene que tomar decisiones acerca de si realizamos algo que queremos hacer o no (por ejemplo, desear comer un chocolate pero no hacerlo para evitar consecuencias negativas en el mediano plazo). A veces esto no se puede controlar, pero son más las veces que uno puede. En las personas que son adictas, como vimos en la reflexión del personaje de *El jugador*, este control es muy difícil. En los comportamientos compulsivos fallan los frenos del cerebro, aquellos que deberían ejercer el control cognitivo.

La persona que es adicta no quiere serlo. Su adicción ya le costó su trabajo, su pareja, su bienestar. Sin embargo, no puede resistir la tentación. Como dijimos al principio de este apartado, se trata de una enfermedad para la que actualmente no existe cura. Se la debe tratar como otras enfermedades crónicas (hipertensión, asma, cáncer) y, como tal, mantener el tratamiento ya que, de otro modo, el paciente recae. La adicción se aprende y se almacena como memoria en el cerebro por lo que la recuperación es un proceso lento. Incluso después de que una persona renuncia, por ejemplo, al consumo de drogas, durante semanas, meses e, incluso, años, la exposición al sitio de la droga, caminar por una calle donde la conseguía o tropezar con personas que siguen consumiendo les provoca un tremendo impulso de querer consumir nuevamente. Existe una serie de tratamientos que lograron eficacia, por lo general al combinar estrategias de autoayuda, de psicoterapia y de rehabilitación. Para algunos tipos de adicciones, ciertos medicamentos también pueden ayudar.

En una carta de mayo de 1867, el propio Dostoievski –no ya su personaje– le cuenta a su esposa, mortificado, que todo el dinero con el que contaba lo había perdido en el casino. Así le describe el escritor ruso su derrotero: "Al principio perdí muy poco, pero cuando comencé a perder, sentía deseos de desquitar lo perdido y cuando perdí aún más, ya fue forzoso seguir jugando para recuperar aunque solo fuera el dinero necesario para mi partida, pero también eso lo perdí". Y le promete para el futuro: "De hoy en adelante voy a trabajar, voy a trabajar y voy a demostrar de qué soy capaz". El mismo desaliento y el mismo propósito de enmienda de todos cuando lo que no puede uno es dominarse y, de este modo, cambiar el destino. Así y todo, pudo cumplir con eso de escribir y demostrar todo de lo que era capaz.

La resiliencia

> Días felices aquellos que vieron la recuperación de Oliver.
> Todo estaba tan calmado y pulcro y ordenado,
> todo el mundo era tan bueno y amable,
> que, después del bullicio y agitación en que
> siempre había vivido, aquello le parecía el cielo.
>
> *Oliver Twist*, Charles Dickens

La resiliencia es la capacidad de una persona para adaptarse con éxito al estrés, trauma o adversidad. La ciencia comienza a entender los factores psicosociales y las bases neurobiológicas asociadas con la resiliencia humana. Aunque el estrés en la infancia aumenta el riesgo de trastorno mental de los adultos, hay pruebas de que cierta exposición al estrés en la infancia disminuye la presencia de una psicopatología posterior.

Experiencias estresantes, pero no abrumadoras, promoverían el desarrollo de la regulación de la capacidad de resiliencia. Cierta exposición a niveles tolerables de estrés en la infancia produciría cambios cerebrales que influirían sobre la respuesta inicial a eventos traumáticos posteriores.

El funcionamiento adaptativo de los circuitos cerebrales del miedo, recompensa, regulación emocional y comportamiento social resulta basal de la capacidad humana para enfrentar temores, experimentar emociones positivas, buscar maneras optimistas de replantear acontecimientos estresantes y beneficiarse del apoyo de amistades.

Algunos traumas infantiles se asocian con cambios hormonales y de neurotransmisores que aumentarían la vulnerabilidad a trastornos psiquiátricos en la edad adulta. Estudios realizados en animales demostraron que la separación materna prolongada en la vida temprana tiene efectos adversos duraderos sobre la respuesta al estrés. Pero también los estudios demostraron que un entorno enriquecido durante el desarrollo hace a los animales menos vulnerables al estrés más tarde en la vida y revierten conductas inducidas por la separación materna prolongada. Una estrecha relación con adultos responsables, competencia y ayuda social y capacidad de autorregulación serían protectores durante el desarrollo.

Reinterpretar el significado de los estímulos negativos, con la consecuente reducción en las respuestas emocionales, se denomina *reevaluación* (*cambiar la manera en que sentimos al cambiar la manera en que pensamos*). Los individuos resilientes son mejores en esta reevaluación y la utilizan más.

La cooperación mutua activa circuitos de recompensa del cerebro. Un sentido de propósito y un marco interno de creencias acerca de lo correcto e incorrecto son características de las personas resilientes. Las creencias religiosas y las prácticas espirituales también podrían facilitar la recuperación y la búsqueda de sentido después de un trauma.

Sin duda, el optimismo y las emociones positivas contribuyen a respuestas cognitivas saludables. Ese *sesgo optimista* evidencia el esfuerzo humano por mantener una visión controlable de su entorno, que falla en la depresión.

Ciertas formas de psicoterapia pueden mejorar atributos psicológicos asociados con la resiliencia y las intervenciones tempranas en el desarrollo tienden a maximizar la resistencia al estrés. Una mayor comprensión de los circuitos neurales que subyacen a la resiliencia podría eventualmente brindar nuevas modalidades de intervención.

El efecto placebo

Una de las acepciones con la cual define el diccionario de la Real Academia Española a la palabra *fe* es la de "confianza, buen concepto que se tiene de alguien o de algo". Como ejemplo da, casualmente, "tener fe en el médico".

Cuando se habla en medicina del *efecto placebo* resulta central este asunto: la confianza que tiene el paciente en el profesional, sumada a la expectativa de él para curarse. Técnicamente se considera *placebo* a toda aquella sustancia o procedimiento que no tiene una actividad específica para la condición que se está tratando y que no altera ninguna función del organismo. Y el efecto placebo es la serie de cambios fisiológicos que se asocian al placebo.

En el año 1890, un editorial de una revista médica describió el caso de un médico que había inyectado agua a su paciente, en lugar de morfina: este se recobró perfectamente, pero luego, al descubrir el engaño, llevó el caso a juicio y lo ganó. De alguna manera (aunque fuera en su propio beneficio) se había burlado de su *buena fe*. El editorial se lamentó del caso, porque los médicos han sabido, desde los inicios de la medicina, que la confianza y el buen trato con los pacientes pueden ser muy efectivos. "¿No debería el placebo volver a tener la oportunidad de ejercer su maravilloso efecto psicológico?", se preguntó el *Medical Press* en ese momento.

El placebo, por cierto, ha tenido más oportunidades y por eso aún está entre nosotros.

Durante la historia, el efecto placebo ha sido bien documentado en el campo del dolor y algunas historias son llamativas. Henry Beecher, un anestesista americano, escribió sobre la operación de un soldado que sufrió heridas terribles en la Segunda Guerra Mundial. Él le suministró agua salada debido a que la morfina se había agotado y, para sorpresa de todos, el paciente estuvo bien.

Desde la neurología, resulta interesante y pertinente estudiar los efectos de los placebos a nivel cerebral, a fin de comprender qué bases neurales subyacen a estos fenómenos. Es cierto que en muchos pacientes, el placebo ofrece indicadores de una mejoría notable, en algunos casos específicos, incluso comparable a la administración de fármacos.

La resonancia magnética funcional ha demostrado que, frente a la administración de un tratamiento placebo, se activan áreas de la analgesia, es decir, aquellas ligadas a disminuir el dolor. Áreas como el cingulado anterior, las cortezas prefrontal e insulares, el núcleo *accumbens* y la amígdala son todos componentes de una gran matriz neural que procesa el dolor. Pareciera ser que este tipo de intervenciones reclutan complejos sistemas cerebrales que usan sustancias químicas cruciales en el placer y la recompensa y en la modulación del dolor. Nuevos estudios en el campo de las neurociencias del placebo, incluso, han demostrado que disminuye la actividad de neuronas involucradas en el dolor de la médula espinal, lo cual sugeriría que el efecto placebo se extiende más allá del cerebro.

Uno de los *Cuentos de Canterbury*, célebre obra de Geoffrey Chaucer de la Inglaterra del siglo XIV, narra la historia de un noble caballero de gran prosperidad que había permanecido soltero durante sesenta años y que un día decide contraer matrimonio. Entonces les pide consejo a sus dos hermanos, uno llamado Justino y el otro, Placebo. Justino le dice que debe tener prudencia; Placebo, en cambio, le manifiesta un sinfín de adulaciones, elogios, zalamerías. Lo de su hermano Placebo fue ni más ni menos que aquello que quería escuchar Enero, que así se llamaba el noble caballero: meras muecas, gestos vacíos cuya eficacia se basara únicamente en la posibilidad de creer en ellos y lo ayudaran a sentirse bien.

Un efecto con nombre propio, como pasa con los cuentos con final feliz.

Emociones y corazón

Las relaciones entre las emociones y el aparato cardiovascular han sido objeto de interés desde tiempos remotos y se inicia con la descripción del temperamento sanguíneo en la medicina hipocrática. Durante siglos el corazón fue pensado como el sitio donde nuestras emociones se generaban. Sin lugar a dudas, esto estuvo originado en la observación cotidiana de que todo aquello que no nos resulta indiferente, produce cambios objetivos en la función cardíaca. William James, precursor de la psicología científica del siglo XIX, afirmaba que las emociones son el correlato neurovegetativo de las representaciones mentales. Sin embargo, los avances de la ciencia han mostrado que el corazón es más la víctima que el origen de las emociones.

En los últimos años, diversos estudios han dado cuenta de que los trastornos afectivos están sobrerrepresentados en las personas con enfermedades cardiovasculares e implican que aumente la posibilidad de que su evolución no sea tan favorable. Esta relación es sumamente compleja e incluye factores conductuales asociados con la depresión, los efectos del estrés y la activación del eje hipotálamo-hipófiso-suprarrenal en el árbol vascular. Otros autores plantean la hipótesis de la *depresión vascular* como base final común. En este verdadero rompecabezas sobre las bases fisiopatológicas de la relación entre depresión y enfermedad cardiovascular, es importante mencionar, por un lado, la activación autonómica propia de los estados depresivo-ansiosos y, por el otro, la consecuente activación del eje antedicho.

Las relaciones entre los trastornos del sistema nervioso central y el aparato cardiovascular son íntimas y complejas y el acceso a un diagnóstico psiquiátrico precoz en personas con enfermedades cardiovasculares son, a la luz de los avances científicos, una necesidad, por las siguientes razones:

- Por lo menos un 30% de los pacientes con enfermedad cardíaca están padeciendo o van a padecer sintomatología psiquiátrica, particularmente depresión y ansiedad.
- Existe evidencia suficiente que indica que el tratamiento precoz y adecuado de tales condiciones puede mejorar significativamente la morbimortalidad por causas vasculares.
- La depresión y la ansiedad, además de aumentar el riesgo vascular, disminuyen la adhesión terapéutica a la medicación y a los programas de rehabilitación, además de aumentar conductas de riesgo como sedentarismo y abuso de tabaco y alcohol.

*

Tanto Dorothy como el Espantapájaros habían escuchado con gran interés el relato del Leñador de Hojalata, y ahora comprendían por qué estaba tan deseoso de obtener un nuevo corazón.

–Sin embargo –dijo el Espantapájaros–, yo pediré un cerebro en vez de un corazón, pues un tonto sin sesos no sabría qué hacer con su corazón si lo tuviera.

–Yo prefiero el corazón –replicó el Leñador–, porque el cerebro no lo hace a uno feliz, y la felicidad es lo mejor que hay en el mundo.

Dorothy guardó silencio; ignoraba cuál de sus dos amigos tenía la razón, y se dijo que si solo podía regresar al lado de su tía Em, poco importaría que el Leñador de Hojalata no tuviera cerebro y el Espantapájaros careciera de corazón, o que cada uno obtuviera lo que deseaba.

Lo que más la preocupaba era que ya quedaba muy poco pan, y una comida más para ella y para su perro Toto lo agotaría por completo. Claro que el Leñador y el Espantapájaros no necesitaban alimento, pero ella no estaba hecha de hojalata ni de paja, y no podía vivir sin comer.

De *El maravilloso mago de Oz*
Lyman Frank Baum
(Nueva York, 1856-Los Ángeles, 1919)

*

Cerebro-corazón y el impacto de la personalidad

Sir John Hunter, un célebre cirujano escocés, quien padecía de enfermedad coronaria, afirmó: "Mi vida está en las manos de cualquier patán que decida alterarme".

Tenía razón. Falleció luego de una fuerte discusión en un ateneo clínico.

La Cleveland Clinic organizó en 2010 una reunión de expertos para discutir sobre los avances en la relación cerebro-corazón. Una de las discusiones centrales fue sobre cómo la personalidad y la conducta impactan en la enfermedad coronaria. Existe evidencia de que emociones tales como la ira y la hostilidad están asociadas a un peor pronóstico en pacientes con enfermedad coronaria preexistente, especialmente en hombres. Las personas irascibles tienen un 19% más de riesgo de desarrollar enfermedad coronaria y, si ya la tienen, un 24% más de posibilidades de mal pronóstico. Más aún, en sujetos irascibles con enfermedad coronaria, una crisis de ira duplica el riesgo de tener un evento coronario agudo entre las dos y tres horas posteriores.

Otros tipos de conductas que propenden a compromisos cardíacos son la ansiedad y la depresión. La ansiedad se asocia con un 48% más de riesgo de muerte cardíaca en personas inicialmente sanas. Asimismo, se ha demostrado que la depresión produce un efecto de *dosis-dependencia*: cuanto más deprimida está una persona en el momento de tener un infarto o angina de pecho, más probabilidad tiene de repetir el episodio.

En un sentido previsible, la combinación de estos rasgos negativos puede poner a las personas en situación de riesgo grave. Patrones similares se han reportado con tres factores de riesgo tradicionales de enfermedad del corazón –presión arterial alta, niveles elevados de colesterol y exceso de peso– en el que cada factor de riesgo aumenta de forma independiente el riesgo de enfermad coronaria.

En términos de sus consecuencias indeseables sobre la salud cardiovascular, desde hace varias décadas se habla de la personalidad tipo A, caracterizada por impaciencia, irritabilidad, prisa constante, estilo dominante y autoritario, actitud hostil, dura, competitiva, gran devoción al trabajo e hiperactividad. Siempre se pensó que esta personalidad era la menos positiva para la enfermedad cardíaca; sin embargo, se observó que estas personas, una vez declarada la enfermedad, son más activas para adherir a las recomendaciones médicas que las van a proteger. Estudios recientes describen la personalidad tipo D como la de las personas ansiosas e irritables, con una marcada tendencia a focalizarse en los problemas más que en la solución de los problemas, y que, a su vez, reprimen sus sentimientos y tienen una conducta social evitativa. Múltiples estudios demuestran que son más vulnerables a las enfermedades cardiovasculares en general, incluso hipertensión arterial, enfermedad coronaria y accidente cerebro-vascular (ACV).

Este modelo nos pone de lleno en el papel que el estrés desempeña en las enfermedades vasculares. Todos estamos sometidos a tensiones; lo que nos diferencia es la forma de afrontarlas.

No resulta azarosa, entonces, la metáfora romántica que dice que una persona, cuando hace las cosas con pasión, "entrega su corazón". Tener la capacidad de afrontarlas con calma es una manera de poder entregarlo para otras mil batallas.

El cerebro altruista

Uno de los cuentos para niños más bellos y famosos de Oscar Wilde es *El príncipe feliz*. En la parte más alta de la ciudad, sobre una pequeña columna, la estatua, ayudada por la golondrina que retrasó su emigración al África, se siente gustosa de donar las joyas que la adornan para los necesitados por el solo hecho de que estén alegres aquellos que no lo están. Todo esto, a costa del propio empobrecimiento que, de hecho, la lleva a su fundición.

Los seres humanos tenemos intereses inmediatos como comer, beber agua, tener relaciones sociales, etc., pero también tenemos valores mediatos (justicia, colaboración, etc.). La ciencia intenta explicar por qué existe la cooperación entre los seres humanos, aun cuando esa cooperación no dé una recompensa directa o inmediata. El altruismo se refiere a aquellas conductas que promueven el bienestar de los demás sin una retribución o un beneficio personal.

Esa conducta altruista podemos observarla en muchísimas especies. Las abejas muestran conductas altruistas para con miembros de su propia especie, pues una de ellas se aventura al exterior del panal en búsqueda de comida y luego viaja nuevamente a su panal para comunicarle al resto dónde está la fuente de alimentos. En este viaje ida y vuelta, esa abeja pone en riesgo su vida, por la presencia de predadores, para beneficiar a sus compañeras. En las aves y los mamíferos, se pueden ver formas más complejas de altruismo. Por ejemplo, acciones recíprocas de altruismo entre miembros de la especie no relacionados. Cuando un pájaro vocaliza una advertencia al resto de los pájaros en su área se expone a ser detectado más precozmente por su predador, pero sabe que su llamado de alerta tendrá un beneficio para el resto de los miembros de su especie.

Las interacciones sociales en los seres humanos hacen que las conductas altruistas sean aún más complejas. Investigadores de la Universidad de Duke encontraron asociación entre el altruismo y áreas cerebrales involucradas en la capacidad de percibir como valiosas las acciones de los otros, la cognición social. Jorge Moll y Jordan Grafman, en los Institutos Nacionales de la Salud (NIH) de Estados Unidos, diseñaron un estudio para evaluar el proceso de altruismo, es decir, cómo es que tomamos decisiones que benefician a otros. La experiencia consistía en medir a través de neuroimágenes la activación cerebral de una persona al decidir donar cierta cantidad de dinero a organizaciones humanitarias, por ejemplo UNICEF, y, al mismo tiempo, al decidir castigar activamente a otras organizaciones con las cuales no estaba de acuerdo. A cada persona le dieron un monto de dinero y le pidieron que tomara decisiones. Primero veían el nombre de la organización y luego debían decidir si donarían (o no) parte del dinero recibido. En otras instancias, también podían castigar a la organización. Castigarla también costaba dinero: podían entonces invertir dinero para evitar que la organización recibiera fondos. Los científicos observaron, respecto de la activación cerebral, que cuando la gente donaba dinero se activaban áreas en el sistema de recompensa, de modo muy similar a cuando se recibe dinero, lo que daba cuenta de que ayudar a una causa resulta placentero. También observaron que cuando la gente gasta dinero para evitar ayudar a una organización, se activan las mismas áreas del cerebro asociadas generalmente al proceso del enojo y al disgusto.

Del mismo modo, el altruismo del Príncipe Feliz y su golondrina tuvo también su recompensa y, según consigna el narrador del cuento de Oscar Wilde, Dios le dijo a uno de sus ángeles que en su jardín del Paraíso el pequeño pájaro cantaría eternamente y que en su ciudad de oro el Príncipe Feliz repetiría por siempre sus alabanzas.

Solidarios por naturaleza

Un poema de César Vallejo se refiere a un combatiente muerto al final de la batalla y a un hombre que se le acerca para rogarle que no muera. "Pero el cadáver ¡ay!", dice el poeta peruano, "siguió muriendo". Luego se le acercan dos hombres y le piden que no los deje, que tenga valor, que vuelva a la vida. Pero nada logran. El poema dice después que acudieron veinte, cien, mil, quinientos

mil, millones, con un ruego común: "¡Quédate, hermano!". Y nada tampoco. "Entonces, todos los hombres
de la tierra", así termina el poema, "le rodearon; les vio
el cadáver triste, emocionado, incorporóse lentamente,
abrazó al primer hombre: echóse a andar...".

Atravesamos nuestras vidas interactuando con otros
miembros de la comunidad. Muchas veces requerimos
su ayuda. Otras tantas, somos nosotros quienes se la faci-
litamos. Vallejo trata poéticamente aquello que sabemos
y muchas veces experimentamos en la vida: ayudamos a
nuestros semejantes y son ellos quienes nos ayudan a andar. La ciencia está indagando en esta característica muy
humana de los lazos solidarios que establecemos unos
con otros. Algo que nos distingue de animales primates
no humanos es justamente nuestra compleja cooperación, incluso desde la infancia.

Se cree que las conductas cooperativas jugaron evolutivamente un papel importante en el desarrollo de la
cohesión de grupos sociales, lo que permitió que grupos con un número mayor de individuos no relacionados genéticamente se establecieran y rigieran por normas
comunes. La cooperación como fenómeno conductual
no es, desde ya, algo exclusivamente humano. Cientos
de ejemplos en la naturaleza evidencian que el sistema
nervioso de una gran parte del reino animal es propenso
a la cooperación. De hecho, somos testigos de esta cooperación al apreciar las organizaciones sociales que se dan
en derredor: el panal de abejas y los hormigueros, entre
tantos otros.

Uno de los ejemplos más paradigmáticos en la conducta cooperativa en animales es el del cucarachero cejón, una especie de ave que habita en los bosques de Ecuador, zonas del Perú y la región preandina, con una particularidad: cantan a dúo con sus parejas. El macho y la hembra corean sílabas alternadas y lo hacen de manera tan rápida que, al cantar juntos, se percibe como si fuera una única canción. Estudios de la Universidad "Johns Hopkins" en Estados Unidos han demostrado que el cerebro de estos pájaros responde de manera más vigorosa a la canción cantada como un dúo que a las partes individuales que canta cada pájaro por su lado. Es más, se ha visto que el cerebro de los pájaros, en realidad, procesa toda la canción, aun si el macho y la hembra vocalizan sus partes respectivas.

El 16 de agosto de 1996 una gorila rescató a un niño de tres años de edad, que cayó en el sector de los primates en un zoológico de Chicago. El niño cayó desde varios metros al piso del lugar que albergaba siete gorilas. La gorila, que cargaba con su propio hijo en la espalda, tomó al niño inconsciente en sus brazos y lo llevó a una puerta donde los encargados del zoológico y los paramédicos pudieron asistirlo.

Todo esto evidencia el hecho de que las bases biológicas que sustentan las conductas cooperativas son filogenéticamente muy antiguas y han sido un valor agregado en la supervivencia de las especies.

Si podemos cooperar es porque tenemos un cerebro que nos lo permite hacer. Pero ¿qué hace, efectivamente, que cooperemos? Diversas investigaciones sugieren que la sociabilidad moderna no sería solo el producto de una psicología innata, sino que también reflejaría las normas e instituciones que han surgido a lo largo de la historia humana.

Uno de los focos en la investigación neurocientífica sobre cooperación entre humanos ha estado puesto en el concepto de la reputación. Se cree que, al cooperar con otros, estamos invirtiendo en crear una reputación que puede traernos beneficios en el largo plazo. Más de una docena de experimentos han demostrado que, cuando ocurre en público o bajo la mirada de un tercero, cooperamos más activamente que en nuestra propia intimidad. En su laboratorio en la Universidad de Newcastle, el científico Gilbert Roberts también demostró que las personas que cooperan en un grupo son percibidas por el resto de los miembros como más atractivas. Esto apoya la idea de que existen beneficios de nuestras conductas cooperativas. Naturalmente, cuando cooperamos en un grupo no necesariamente estamos considerando los pros y contras de nuestra acción. Eso se debe, en parte, a que nuestro cerebro activa regiones emocionales que guían nuestras decisiones de manera intuitiva y automática.

Asimismo, como hemos tratado en el apartado anterior, una serie de experimentos ha demostrado que los actos de cooperación humana activan áreas del cerebro asociadas a la recompensa y el placer: cuando la misma tarea de cooperación se lleva a cabo con una computadora o un objeto inanimado, y no con otro ser humano, estas áreas dejan de activarse.

La multiplicidad de factores que influyen en nuestra conducta cooperativa no está limitada a aspectos biológicos y genéticamente predeterminados. Se ha observado en estudios transculturales, en los cuales se consideran comunidades con distintos tamaños poblacionales, que factores diversos tales como las creencias religiosas o el grado de integración socioeconómica impactan en la forma en que cooperamos. Por ejemplo, miembros de poblaciones de menor tamaño están mucho más predispuestos a juzgar negativamente a alguien que realiza una oferta injusta que miembros de comunidades más grandes. Esto demuestra que la cooperación en seres humanos es una verdadera suma de genética, biología, ambiente y cultura.

Hemos tratado así algunos de los procesos biológicos que nos predisponen para la cooperación. Y la pregunta que se desprende de esto es: entonces, ¿por qué, a veces, no cooperamos? Quizá podamos ligar esta necesidad de respuesta a estudios neurocientíficos que se han desarrollado sobre otras cuestiones centrales. Una investigación ya referida en páginas anteriores realizada por Agustín Ibáñez mostró que el cerebro detecta en 170 milisegundos si un rostro integra o no el propio grupo de pertenencia y lo valora positiva o negativamente mucho antes de que seamos conscientes de ello. Esta investigación muestra que los procesos asociados a la discriminación y al prejuicio son automáticos y muchas veces pueden primar sobre otros mecanismos mentales.

Podríamos plantear otros estudios que intenten esgrimir una respuesta sobre por qué, a veces, no cooperamos. Pero quizás resulte más relevante reflexionar sobre sus consecuencias. La falta de cooperación impacta negativamente sobre el individuo a quien hubiese ido destinada la acción solidaria, sobre quien no fue solidario y también sobre todo el sistema social. La comunidad, para ser tal, se construye a partir de la idea de cooperación. Por ende, cuando existen acciones que reniegan de las conductas solidarias, el sistema se resquebraja. Se rompe esa dinámica del *hoy por ti, mañana por mí.*

A propósito de este refrán, podemos ilustrar esta práctica social de la cooperación a partir de la organización compleja que actualmente conforman las comunidades organizadas políticamente en Estados. En nuestras sociedades, son los adultos los que sostenemos (y así debe ser) la educación de los menores a través de las escuelas y el bienestar de los mayores a través de las jubilaciones y las pensiones. Pero es en este sentido y en este marco que la ideología de la cooperación establece alianzas fundamentales con otras habilidades humanas como la creatividad y la capacidad de organización. Solo de esta manera se puede lograr un eficaz sistema de cooperación de gran alcance.

El carácter de solidaridad es inmanente a los seres humanos y, como dice el poema de Vallejo, echa a andar a las personas y a las comunidades. La falta de esta lleva a hacernos reflexionar sobre el por qué se procede de esta manera si somos seres propensos al bien común.

En las grandes sociedades como las que nos toca vivir, la cooperación puede ser directa (hacia nuestro semejante próximo) o mediada, a través de las instituciones. Sobre todo para esta última, también a la cooperación hay que ayudarla.

Capítulo 4

La mente en forma

Hace unos años se conocieron los resultados derivados de la investigación conocida como el Estudio de las Monjas. Este trabajo analizó la relación entre las funciones intelectuales y emocionales que se tienen a lo largo de los años y el estado del cerebro *post mortem* en una comunidad de monjas que vivieron y trabajaron en el mismo lugar durante mucho tiempo. Uno de los más trascendentes resultados fue el que sugirió que algunas monjas que en vida mostraron leves alteraciones cognitivas o una función cognitiva intacta, presentaban evidencias en su cerebro compatibles con las que se observan en pacientes con enfermedad de Alzheimer. ¿Cómo podía ser esto? Al investigar escritos autobiográficos se observó que la menor habilidad lingüística en edades tempranas (evaluada por la densidad de las ideas) predecía significativamente el riesgo para el desarrollo de la enfermedad de Alzheimer en la vejez. Aproximadamente 80% de las monjas, cuya escritura se midió como de baja habilidad lingüística, desarrolló la enfermedad de Alzheimer en la vejez. Por su parte, del grupo de monjas cuya habilidad lingüística fue alta, solo 10% sufrió más tarde la enfermedad.

Otro elemento considerable que este estudio sugirió es que un estado emocional positivo podía contribuir a que vivamos más. Según estos investigadores, las monjas que en sus escritos de juventud habían expresado mayor número de emociones negativas tuvieron menos años de vida y una frecuencia mayor de enfermedad de Alzheimer.

Fue así como cobró interés la hipótesis de que una mayor *reserva cognitiva* podía hacer más resistente al cerebro para enfrentarse al daño neuronal. Este concepto de *reserva cognitiva* explicaría, básicamente, por qué algunas personas con un envejecimiento cerebral anormal pueden estar intactas intelectualmente mientras que otras sí experimentan síntomas clínicos. La *reserva cognitiva* sería entonces un constructo hipotético para explicar cómo, ante cambios neurodegenerativos que son similares en extensión y naturaleza, los individuos varían considerablemente en la severidad del deterioro cognitivo. Neurocientíficos de la Universidad sueca de Umea desarrollaron un concepto complementario a este que denominaron *mantenimiento cerebral*.

Según estos científicos, este sería uno de los factores más importantes para lograr un envejecimiento cognitivo exitoso y destacan el hecho de que los cerebros de algunos adultos mayores parecen envejecer más lentamente al mostrar poca o ninguna patología cerebral.

Las personas con un trabajo intelectual exigente pueden disfrutar de una ventaja en términos cognitivos, pero los beneficios rápidamente disminuirían si la persona se *jubila intelectualmente.* Un compromiso permanente con la exigencia intelectual sería uno de los caminos más eficaces para el mantenimiento cerebral.

La estimulación intelectual, una dieta saludable, reducir el estrés, practicar actividad física, controlar los factores de riesgo vascular y tener una vida social activa han sido identificados como factores potenciales de protección en la mediana edad que pueden ayudar a mantener la reserva cognitiva en la vida adulta. Asimismo, aquellas personas que en la vejez continúan estimulados social, física y mentalmente muestran una mayor fiabilidad en el rendimiento cognitivo a partir de un cerebro que parece aún más joven que lo que dictan sus años. Aunque muchos factores de riesgo, como la predisposición genética, están fuera de control, existe evidencia, desde diversos estudios, de que contaríamos con varias estrategias que pueden ayudar a reducir el riesgo de deterioro cognitivo. Por todo esto, mantener el cerebro en forma es una buena medida de enfrentar al tiempo que, como se sabe, no para.

*

En este cuarto y último capítulo del libro propondremos una serie de reflexiones que persiguen una motivación muy humana: el deseo de mantener la mente en forma. Para esto, discurriremos sobre algunos temas específicos –el ejercicio físico, la alimentación, los desafíos intelectuales, la meditación y el sueño, entre otros– que permitan entender cómo y por qué esas prácticas ayudan a la promoción de un cerebro cada vez más vital.

*

Elogio del ejercicio físico

En la película *Invictus*, que retrata una porción de la historia reciente de Sudáfrica, se lo ve al presidente de entonces Nelson Mandela bien de madrugada emprendiendo una caminata imprescindible, a pesar de las reconsideraciones que solicitaban los custodios por lo peligrosa que podía ser la travesía. Seguramente, no es el Mandela de *Invictus* el único que, frente a grandes desafíos intelectuales –reconstruir y reconciliar una nación partida en dos parece una tarea que requiere valor y mucha inteligencia–, opta por conservar un consuetudinario ejercicio físico.

¿Qué valor tiene esto? ¿Cómo repercute el ejercicio físico en nuestra salud cerebral? Toda persona que haya hecho alguna vez actividad física conoce esa sensación tan característica que experimentamos después de un entrenamiento. Gran parte de esa sensación se debe a que nuestro cuerpo produce endorfinas, un conjunto de opioides naturalmente sintetizados por el organismo que tienen un importante efecto para calmar los dolores y modular nuestro ánimo. De hecho, las personas que realizan actividad física de manera consistente tienen niveles más bajos de depresión, ansiedad e ira.

El camino biológico por el cual sucede esto es aún materia de debate, pero estudios de distintos laboratorios han demostrado que existen múltiples vías neurobiológicas involucradas en el efecto de la actividad sobre nuestro cerebro, sus químicos y, en consecuencia, nuestra conducta. Estas vías incluyen la activación de cascadas moleculares de enzimas que favorecen la depuración de depósitos tóxicos en nuestro cerebro, y otras que estimulan la formación de factores de crecimiento que ayudan a la formación de neuronas y a la conexión entre estas.

Además, el ejercicio facilita caminos que conectan el sistema nervioso con otros aparatos, tales como el cardiovascular y el digestivo, y genera una orquesta biológica que funciona a favor de nuestra salud en general. Tanto es así, que distintos grupos de investigación han demostrado los beneficios del entrenamiento en la reducción del riesgo de desarrollar los síntomas de distintas enfermedades que afectan el cerebro. Por ejemplo, científicos de Suecia señalaron que las personas en edad media que entrenan al menos dos veces por semana tienen 60% menos de probabilidad de desarrollar trastornos cognitivos en comparación con personas sedentarias (según estos estudios, este entrenamiento debe ser de, por lo menos, 25 a 30 minutos y de moderado a altamente aeróbico para producir un verdadero efecto). Del mismo modo, los programas de entrenamiento físico en pacientes con ansiedad y depresión han probado una mejor respuesta al tratamiento.

No es necesario tener una condición patológica para que nuestro cerebro se beneficie con el ejercicio: en un estudio que reunió a 120 adultos mayores sedentarios pero saludables y sin problemas de memoria se asignó a la mitad un programa de actividad física de tres veces por semana; después de un año, se encontró que el volumen de sus hipocampos –como hemos ya referido en el libro, se trata de una estructura fundamental para la consolidación de la memoria– no solo no había disminuido como suele suceder en los adultos mayores, sino que además había aumentado de tamaño. Asimismo, los efectos se pueden ver de inmediato cuando se hacen pruebas específicas. Por ejemplo, en un estudio en Irlanda, un grupo de hombres sedentarios completaron una prueba de memoria. La mitad, luego, se sentó en una bicicleta fija sin pedalear por 30 minutos. La otra mitad se entrenó de manera intensa hasta agotarse. Este último grupo demostró una gran mejoría respecto del anterior cuando volvieron a hacer la prueba de memoria. Al analizar su sangre, los investigadores notaron que en el grupo que había realizado ejercicio existían niveles elevados de una proteína que promueve la salud de las neuronas.

Esta reflexión viene a horadar un poco más ese cliché de cerebro/cuerpo como universos escindidos (que dan como resultado, por ejemplo, la figura del intelectual sedentario o del atleta irreflexivo) y decir que para mantener saludable la mente se necesita, entre otras prácticas, del ejercicio físico.

Así lo entendió el Mandela de *Invictus* y tantos otros que deben afrontar la realidad de manera inteligente y creativa. Parafraseando el glorioso verso del poeta portugués Fernando Pessoa, caminar también es preciso.

Más sobre el ejercicio físico y la salud mental

Como hemos dicho, existen nuevos datos que dan cuenta de que los individuos con cierto entrenamiento físico se desempeñan mejor en las pruebas de función cognitiva cuando se los compara con los que tenían peor forma física. El beneficio cognitivo parece ser más grande para los procesos de orden superior (funciones ejecutivas) como la planificación, la multitarea, la inhibición de información irrelevante y la memoria de trabajo (corto plazo), todas habilidades que se reducen en el proceso de envejecimiento. Estos resultados brindan un apoyo considerable a la idea de que la actividad física puede actuar como un mecanismo de protección contra los efectos degenerativos del proceso de envejecimiento cerebral.

¿Cómo es que el ejercicio produce cambios positivos en el cerebro? La circulación por todo el cuerpo se mejora durante el ejercicio cuando el corazón empieza a bombear más sangre. El aumento del flujo sanguíneo produce muchos efectos positivos en los sistemas físicos del cuerpo. Los beneficios observados en el cerebro pueden ser demasiado amplios y probablemente comparables en naturaleza a los que se observan en el cuerpo. Investigaciones en animales han revelado algunos de los mecanismos neurales que afectan a la actividad física son varios. Ellos incluyen:

- Factores de crecimiento. Dos factores de crecimiento importantes dentro del cerebro de los animales aumentan de forma significativa con el ejercicio: BDNF (factor neurotrófico derivado del cerebro) y IGFI (factor de crecimiento similar a la insulina). Estos son importantes moléculas de señalización que ofrecen un efecto protector en las células cerebrales.
- Flujo sanguíneo. El flujo de sangre al cerebro aumenta cuando el ejercicio se ha iniciado, similar al aumento del flujo al resto del cuerpo. Al igual que los tejidos del cuerpo, las neuronas utilizan la glucosa como combustible y para un funcionamiento óptimo. El aumento del flujo de sangre al cerebro –y con él, más oxígeno y nutrientes– en consecuencia mejora el potencial de las neuronas. El ejercicio regular también se destaca por llevar a la angiogénesis (un aumento en la densidad y el tamaño de los capilares que rodean a las neuronas), mejorando así el flujo de sangre, incluso en reposo.
- Neurogénesis. Nuevas neuronas se generan en el cerebro de los animales que se ejercitan con regularidad. Estas nuevas neuronas se desarrollan sobre todo en el hipocampo.
- Plasticidad sináptica. Un proceso llamado potenciación a largo plazo (LTP) –un mecanismo a nivel

celular para el aprendizaje y la memoria– es un aumento en la fuerza de la comunicación entre dos neuronas a través de la sinapsis. En estudios realizados con animales, la acción de correr ha demostrado que mejora el proceso de potenciación a largo plazo en el hipocampo.

- Los neurotransmisores. Como ya hemos referido a lo largo del libro, los neurotransmisores son sustancias químicas importantes en la comunicación entre las neuronas en las sinapsis. Por ejemplo, el déficit de neurotransmisores como la acetilcolina (ACh), la serotonina y la dopamina se han implicado en los procesos de la enfermedad de Alzheimer, la depresión y la enfermedad de Parkinson. Los niveles de estos tres neurotransmisores aumentan en cerebros de animales cuando ejercitan.

Estos mecanismos pueden ser interdependientes unos de otros, al actuar en combinación para proporcionar una mayor protección y un mejor funcionamiento de nuestro cerebro.

Nunca es demasiado tarde

Retomar la actividad física regular a una edad avanzada puede parecer una tarea intimidante. La buena noticia es, sin embargo, que las actividades que pueden producir los beneficios descriptos anteriormente, no necesitan ser muy extenuantes. Los programas de ejercicios utilizados en los estudios mencionados fueron, en su mayor parte, simplemente programas de caminatas varias veces a la semana durante 30 a 60 minutos. Por otra parte, hay muchas cosas sencillas que se pueden hacer si se desea aumentar la actividad física. Para los adultos mayores y aquellos que no han ejercido estas prácticas durante mucho tiempo, deben comenzar añadiendo lentamente un poco más de actividad física a su estilo de vida. Por ejemplo, hacer las tareas de la casa, como pasar la aspiradora, cortar el pasto o realizar jardinería. Cuando se esté listo para participar en una actividad más regular, empezar por pedirle a su pareja o a un familiar para ir a dar un paseo caminando, sacar al perro o ir a pie cuando se va de visita a la casa de un amigo. Sería ideal tratar de hacer esto tres o cuatro veces a la semana para lograr el máximo beneficio. La actividad física con alguien cuya compañía se valora o caminar con un destino en mente hace que esto sea más agradable (y más posible). Se puede aumentar gradualmente la distancia recorrida o la velocidad, pero siempre asegurándose de mantenerse dentro de la llamada zona de confort. Al sostener la actividad como una parte regular del estilo de vida y realizándolo a conciencia, uno está construyendo una base sólida para la salud cerebral permanente.

*

*Estábamos en que Leto y el Matemático, una mañana,
la del veintitrés de octubre de mil novecientos sesenta y uno
habíamos dicho, un poco después de las diez, se habían encontrado en la calle principal, habían empezado a caminar
juntos en dirección al Sur y el Matemático, a quien a su vez
se lo había contado Botón en el puente superior de la balsa
a Paraná, el sábado anterior, se había puesto a contarle a
Leto la fiesta de cumpleaños de Jorge Washington Noriega,
a finales de agosto, en la quinta de Basso en Colastiné, y en
que, después de recorrer unas cuadras juntos, cruzaron la
calle con paso idéntico y regular y, los dos al mismo tiempo, plegaron la pierna izquierda elevándola por encima del
cordón, con la intención, inconsciente más que calculada,
de apoyar la planta del pie en la próxima vereda, ¿no? Pues
bien: apoyan nomás la planta. Y el Matemático piensa: "Si
el tiempo fuese como esta calle, sería fácil volver atrás o re-
correrlo en todos los sentidos, detenerse donde uno quisiera,
como esta calle recta que tiene un principio y un fin, y en el
que las cosas darían la impresión de estar alineadas, de ser
rugosas y limpias como casas de fin de semana bien parejas
en un barrio residencial". Pero dice:
—¡Shht! Il terso conchertino dilestro armónico.*

De *Glosa*
Juan José Saer
(Santa Fe, 1937-París, 2005)

*

Sobre el estrés y las funciones intelectuales

Las prioridades que uno se impone para su vida tienen como rasgo característico, muchas veces, el alto valor que le otorgamos a nuestro rendimiento. En el trabajo, en la vida familiar y en los estudios queremos, como una máquina que se esfuerza por trepar a la cima, rendir al máximo. Pero la exigencia desmedida no es resultado de una inteligente estrategia ya que, como el motor de un automóvil, puede dañar todo el sistema, aun para cuando en el futuro solo se le pida regular.

Estrés es el conjunto de reacciones fisiológicas que prepara al organismo para la acción. El estrés tiene, en principio, una función que permitiría la adaptación del individuo a los cambios del medio. Cuando las demandas del medio son excesivas, intensas y/o prolongadas, y superan la capacidad de resistencia y de adaptación del organismo, se produce el *distress* o el estrés patológico.

El distress es el resultado de la relación entre el individuo y el entorno, evaluado por aquel como amenaza que desborda sus recursos y pone en peligro su bienestar. Nos *estresamos* cuando sentimos que no podemos afrontar lo que el medio nos solicita.

Los niveles moderados de estrés pueden ser estimulantes para el cerebro mientras que los niveles prolongados y altos de estrés pueden tener efectos negativos en la memoria y otras funciones cognitivas. El estrés, tanto el físico como el psicológico, dispara la liberación de cortisol, que es una hormona producida en las glándulas suprarrenales, localizadas arriba de ambos riñones. Los receptores en el cerebro que son activados por el cortisol se denominan *receptores de glucocorticoides* y se encuentran predominantemente en dos áreas del cerebro, el hipocampo y la corteza prefrontal, ambas fundamentales para las funciones intelectuales.

Diversas investigaciones han demostrado que la memoria episódica (la memoria del *cuándo* y *dónde*) se afecta con altos niveles de cortisol. Un investigador alemán, Clemens Kirschbaum, demostró que una dosis de cortisol afecta la memoria episódica verbal. En ese experimento, un grupo de sujetos aprendió una serie de palabras. Luego, a la mitad de las personas se les administró una dosis de cortisol y a la otra mitad una dosis de placebo. Los sujetos que recibieron el cortisol memorizaron menos palabras que los otros.

En la depresión mayor, un trastorno clínico asociado con altos niveles de cortisol, es frecuente observar problemas de memoria. Es interesante destacar que los niveles de cortisol aumentan gradualmente durante la noche a medida que dormimos. Los menores niveles se evidencian al comienzo de nuestro sueño y los mayores niveles de cortisol se observan antes de despertar. En línea con estos hallazgos, se encuentra el hecho de que los sueños ricos en material episódico (hechos que vivimos) se concentran al comienzo del sueño y la consolidación de la memoria episódica parecería ocurrir también en esa misma instancia del proceso.

Las consecuencias del estrés prolongado en el ámbito cognitivo incluyen afectación de la memoria y de las funciones ejecutivas disminuyendo aún más las capacidades del individuo para enfrentar las demandas del medio y creando un círculo vicioso que provoca aún más estrés.

La medida óptima de nuestro rendimiento no se logra a partir de una operación matemática que sume horas de esfuerzo sino más bien de una estrategia en donde se contemple también el descanso, el ocio y el esparcimiento.

*

MANUEL: —Sí, yo; que desde hace veinte años le llevo los chismes al jefe. Mucho tiempo hacía que me amargaba este secreto. Pero trabajábamos en el subsuelo. Y en el subsuelo las cosas no se sienten.

TODOS: —¡Oh!...

EMPLEADO 1°: —¿Qué tiene que ver el subsuelo?

MANUEL: —No sé. La vida no se siente. Uno es como una lombriz solitaria en un intestino de cemento. Pasan los días y no se sabe cuándo es de día, cuándo es de noche. Misterio. (Con desesperación.) Pero un día nos traen a este décimo piso. Y el cielo, las nubes, las chimeneas de los transatlánticos se nos entran en los ojos. Pero entonces, ¿existía el cielo? Pero entonces, ¿existían los buques? ¿Y las nubes existían? ¿Y uno, por qué no viajó? Por miedo. Por cobardía. Mírenme. Viejo. Achacoso. ¿Para qué sirven mis cuarenta años de contabilidad y de chismerío?

MULATO (enfático): –Ved cuán noble es su corazón. Ved cuán responsables son sus palabras. Ved cuán inocentes son sus intenciones. Ruborizaos, amanuenses. Llorad lágrimas de tinta. Todos vosotros os pudriréis como asquerosas ratas entre estos malditos libros. Un día os encontraréis con el sacerdote que vendrá a suministraros la extremaunción. Y mientras os unten con aceite la planta de los pies, os diréis: "¿Qué he hecho de mi vida? Consagrarla a la teneduría de libros". Bestias.

MANUEL: –Quiero vivir los pocos años que me quedan de vida en una isla desierta. Tener mi cabaña a la sombra de una palmera. No pensar en horarios.

EMPLEADO 1º: –Iremos juntos, don Manuel.

MARÍA: –Yo iría, pero para cumplir este deseo tendría que cobrar los meses de sueldo que me acuerda la ley 11.729.

De *La isla desierta*
Roberto Arlt
(Buenos Aires, 1900-1942)

*

Claves de la alimentación

Como vimos, el estrés se produce cuando las exigencias de la vida superan nuestra capacidad o recursos para afrontarlos. Si este se torna excesivo superando la tolerancia del organismo, puede generar un desgaste en la salud, enfermedades físicas y deterioro cognitivo. El ritmo de vida acelerado, la falta de tiempo para cocinar y la enorme oferta alimenticia, hace difícil llevar a cabo hábitos saludables. Esto conduce a que muchas personas coman en exceso, a deshora o que pasen muchas horas sin comer. Una dieta deficiente pone al cuerpo en un estado de estrés físico y debilita el sistema inmunológico dejando a la persona más susceptible a infecciones.

Esta forma de estrés físico también disminuye la capacidad para hacerle frente al estrés emocional. Asimismo, los estados de ánimo y las emociones parecen desempeñar un papel importante en el consumo de alimentos en personas sanas. Dado que en determinados momentos la alimentación es una forma de regulación emocional, los desbalances afectivos tendrían un importante papel en la conducta alimentaria.

Para afrontar el estrés, además de buscar terapia médica y psicológica cuando el cuadro lo requiera, debemos hacer modificaciones en el estilo de vida incluyendo hábitos en la alimentación. Resulta importante entonces conocer aquellos alimentos que influyen en el correcto funcionamiento del cerebro para incluirlos en la dieta.

¿Cuáles son esos nutrientes y en qué alimentos se encuentran?

- Los cereales y legumbres contienen vitaminas del complejo B, que participan en importantes reacciones del sistema nervioso.
- Las frutas y hortalizas protegen al cerebro, por su alto contenido de varios antioxidantes tales como la vitamina C, A (carotenos), flavonoides y polifenoles.

- Las carnes aportan proteínas de alto valor biológico. Las rojas contienen hierro, un mineral que ayuda a transportar el oxígeno al cerebro, y el pescado, ácidos grasos omega 3, un nutriente esencial y necesario para un adecuado desarrollo y funcionamiento del sistema nervioso. Estas carnes, además, contienen fósforo, un mineral de vital importancia en las membranas celulares.

- Los aceites y frutos secos contienen vitamina E, un potente antioxidante que protege a las neuronas de los radicales libres. Son fuente de ácidos grasos esenciales (omega 3, 6 y 9) sustancias involucradas en el correcto funcionamiento nervioso ya que ayudan a mejorar la comunicación entre neuronas.

El cerebro se encuentra afectado por lo que comemos. Experimentos realizados en roedores alimentados con el equivalente de hamburguesas y papas fritas —comidas altas en grasa— mostraron menor rendimiento en la memoria y agilidad mental comparados con otros que fueron alimentados con una dieta baja en grasa. Se sabe que la dieta mediterránea, que incluye un alto consumo de frutas, vegetales, granos, además de aceite de oliva, bajo consumo de carne y un vaso de vino tinto con la comida reduce el riesgo de enfermedad cardiovascular, hipertensión y diabetes. En los últimos años, tres estudios independientes realizados en Nueva York, Chicago y Francia mostraron que este tipo de comida también tiene un impacto positivo en el cerebro.

La planificación de una dieta balanceada debería ser un hábito desde la edad temprana. Pero más vale empezar, incluso antes del lunes.

Estimulación cognitiva

Si bien hay consenso en que nuestro cerebro cambia con el paso del tiempo, los resultados de los estudios son contradictorios respecto a cuándo exactamente se dan los cambios en el plano anatómico. En general, las personas notan cambios cognitivos entre los 50 y los 60 años. Sin embargo, es importante aclarar que no todas nuestras funciones cognitivas sufren de la misma forma el paso del tiempo. La atención, la memoria procedural y la memoria retrógrada, en un envejecimiento normal, no suelen verse afectadas. Sí se incrementan los tiempos que demoramos en realizar determinadas tareas (velocidad de procesamiento) y la memoria anterógrada también puede verse afectada. Debido a lo antedicho, a partir de los 50 años es importante controlar periódicamente las habilidades mentales (tales como la memoria, la atención, la planificación, entre otras) realizando una evaluación sistemática de las mismas.

En la clínica, una de las quejas principales son las dificultades de memoria. Los problemas de memoria y las dificultades cognitivas en general comienzan a ser serios y se alejan del envejecimiento normal cuando afectan la vida cotidiana de quien los sufre y esto varía de persona a persona y no suele darse a una edad específica determinada.

Las actividades que se incluyen dentro de una rutina continúan siendo importantes para nuestro cerebro. Sin embargo, lo fundamental y definitorio para optimizar los resultados es buscar también actividades novedosas y desafiantes para cada persona. A veces uno se siente *cómodo* con ciertas rutinas y le *quita* al cerebro el desafío que implica hacer frente a los nuevos aprendizajes. Es importante mantener la mente activa, lo cual se logra conservando una amplia gama de intereses, pasatiempos y *hobbies* y buscar actividades que resulten estimulantes para nuestro cerebro. De esta manera, mantener un alto grado de desafío cognitivo, aceptar los cambios que se nos presentan y estar abiertos a nuevos aprendizajes nos ayudará a ampliar el rango de nuestras experiencias, logrando una mayor estimulación del cerebro y reduciendo consecuentemente el grado de las dificultades y el nivel de deterioro cognitivo.

Variadas investigaciones han demostrado que la ejercitación y estimulación cognitiva puede retrasar la aparición de los trastornos cognitivos y de las funciones intelectuales. Un estudio de Karlene Ball, de la Universidad de Alabama en Birmingham, sugiere que con solo diez sesiones de entrenamiento cognitivo pueden observarse mejorías equivalentes al deterioro típico presentado de un período de siete a 14 años. El estudio de Ball incluyó 2 832 personas entre 65 y 94 años. De estas, 711 recibieron entrenamiento en memoria episódica, 705 en resolu-

ción de problemas, 712 en velocidad de procesamiento y
704 no recibieron entrenamiento alguno. Cada uno de
los grupos recibía una ejercitación consistente en diez sesiones de aproximadamente una hora, realizada en un
período de cinco a seis semanas. Once meses después del
entrenamiento inicial, al 60% de los participantes de
cada grupo se les ofreció, al azar, tres sesiones más. Las
evaluaciones se realizaron inmediatamente luego de terminar los entrenamientos, al año y a los dos años de realización.

Los ejercicios son útiles tanto para personas jóvenes
y sanas como para personas adultas que quieran trabajar en prevención del deterioro cognitivo. Lo importante
es destacar que muchas veces las personas jóvenes están
mentalmente más activas (por sus estudios, trabajos, ca-
pacitaciones, etc.) y las personas mayores a veces tienden
a exigirle menos a su cerebro cuando sus actividades intelectuales disminuyen y, sobre todo, cuando dejan de
trabajar. Los ejercicios deben tener en cuenta el nivel de
complejidad e implicar un desafío para la persona que los
realiza. De esta manera, deben ser diseñados y pensados
por profesionales especializados que tengan en cuenta los
diferentes perfiles individuales. Inclusive aquellas personas que tienen una vida mentalmente estimulante podrían beneficiarse del ejercicio de dichas áreas cerebrales
que generalmente no utilizan en su vida diaria.

Elogio del juego de ajedrez

De esto se deduce que el juego de ajedrez,
en cuanto a los efectos sobre el carácter mental,
no está lo suficientemente comprendido.

Los crímenes de la rue Morgue, E. A. Poe

Al momento, no estamos seguros de las causas que conducen a la enfermedad de Alzheimer. Se trata, como hemos referido en el segundo capítulo, de una de las demencias más extendidas y una nueva epidemia que va de la mano con el envejecimiento de la población. Esto implica una mayor dificultad sobre qué se puede hacer para prevenirla. Sin embargo –y a propósito de la estimulación cognitiva–, un gran número de investigaciones sostienen que la ejercitación mental que promueve el juego de ajedrez, puede ayudar a reducir el decaimiento de las funciones intelectuales en personas sanas.

El Alzheimer ataca en su primera fase algunas funciones que dependen de la corteza cerebral, como la memoria y la concentración. Ambas se desarrollan mucho con la práctica del ajedrez. En la juventud, el cerebro se enfrenta con constantes situaciones de cambio y desafío. Con el paso del tiempo, tendemos a restringir nuestras actividades a aquellas situaciones que conocemos y con las cuales nos sentimos tranquilos. De esta manera el cerebro se encuentra menos estimulado, lo que limita su óptimo funcionamiento. El ajedrez fomenta situaciones novedosas que representen un desafío y aprendizaje para la persona. Aunque no es el único, el estímulo cognitivo que representa el ajedrez es un factor eficaz de prevención del deterioro cognitivo.

Como hemos dicho, el cerebro puede entrenarse, y ello nos protege del deterioro cognitivo. Se piensa que la estimulación cerebral a través de una actividad intelectual continua podría crear nuevas conexiones entre las neuronas y disminuir la muerte neuronal. El juego del ajedrez es una práctica milenaria y un interesante entrenamiento de habilidades como la planificación, la memoria, la toma de decisiones, la adaptación al contexto y la concentración.

Elogio de la meditación

Los seres humanos conocemos cada vez más de la naturaleza y de la cultura en virtud del afán por saber e investigar sobre todos los temas a través de múltiples recursos. Y esa construcción del conocimiento se logra de modo más eficiente cuando aun los enigmas más desafiantes se abordan con métodos creativos, probados (o, al menos, probables) e interdisciplinarios.

Por eso, uno de los aspectos más fascinantes de las neurociencias modernas es su afán por construir puentes con otras disciplinas y campos del conocimiento. Esto resulta imprescindible porque para entender el

complejísimo sistema nervioso debemos necesariamente inmiscuirnos en cada una de las conductas y
abordarlas desde una mirada amplia y libre de prejuicios.

Ejemplo de estos vastos desafíos es el gran foco que
han puesto muchos laboratorios del mundo, a lo largo
de las últimas décadas, en el estudio de conductas ligadas a la espiritualidad y la meditación, ámbitos que
típicamente fueron considerados antagónicos de la ciencia. Sin embargo, cada vez más científicos dedican sus
esfuerzos a comprender cómo es que nuestro cerebro
permite comprometernos con conductas ligadas a conceptos tan abstractos.

A fines de la década de 1970, fue fundada en el Centro
Médico de la Universidad de Massachusetts la Clínica de
Relajación, luego devenida en la Clínica de Reducción
de Estrés basada en *mindfulness*. Esta práctica es considerada una forma de meditación para algunos y una práctica complementaria a las terapias tradicionales para otros.

En la actualidad, el *mindfulness* ("atención plena" o
"presencia mental", según algunas traducciones) y otras
técnicas se utilizan como ayuda en el manejo interdisciplinario de distintas condiciones clínicas, médicas y psicológicas, incluyendo el dolor crónico, la ansiedad y el
estrés.

Ciertos estudios reconocen que durante una práctica
de meditación, se evidencia un predominio del tono pa-
rasimpático, es decir, de las estructuras de nuestro sistema
nervioso autónomo que generan los cambios fisiológicos

asociados con la relajación, tales como la disminución de la frecuencia cardíaca y la respiratoria. Para estos investigadores, la meditación puede producir cambios también en nuestro sistema nervioso central. Se ha visto, por ejemplo, que las áreas de la corteza prefrontal, asociadas con emociones y funciones sociales, son intensamente estimuladas con la meditación, mientras que las áreas del cerebro típicamente asociadas con el procesamiento de las emociones negativas, tales como la amígdala, disminuyen su actividad.

Pero quizás los hallazgos más sorprendentes realizados en voluntarios que reportaban altos niveles de espiritualidad son aquellos que muestran cambios incluso más allá del sistema nervioso. Por ejemplo, se ha visto un aumento en los niveles circulantes de anticuerpos, sugiriendo que algunas prácticas de meditación sirven, incluso, para mejorar la función inmune.

Lo interesante, también, es que este tipo de resultados se observan con un buen período de sueño continuo, demostrando que estados en los que hay cambios fisiológicos y normales de nuestra conciencia contribuyen a la regulación de la función inmune, así como también de la endócrina.

Estas investigaciones, lejos de demostrar el efecto irrevocable de un ejercicio en particular, nos permiten bucear en la compleja interacción entre el cerebro y ciertas prácticas sociales que, aunque no aparenten, también dependen de él.

La función del sueño en la memoria

En un pasaje ya citado de la novela de Gabriel García Márquez, *Cien años de soledad*, se cuenta que Macondo se vio asolada por la peste del insomnio. En principio, dice el narrador, nadie se había alarmado; al contrario, se alegraron de no dormir, porque entonces había tanto que hacer en Macondo que el tiempo apenas alcanzaba. Después de todo, habrán pensado, ¿para qué sirve el sueño?

Aunque todavía quedan muchísimos interrogantes sobre el sueño, la ciencia en las últimas décadas ha descubierto que desempeña diversas y fundamentales funciones. Se sabe que el sueño, por ejemplo, está asociado con funciones inmunes, endócrinas y de memoria. Hasta donde se tiene conocimiento, todos los animales duermen, aunque no todos atraviesan una fase particular del sueño durante el cual la actividad cerebral es similar a la de la vigilia: el sueño MOR (sigla que significa Movimientos Oculares Rápidos, REM en inglés). Esta fase del sueño sería crucial para las posibles funciones reparadoras del acto de dormir. Sobre algunos mamíferos, como los cetáceos, los delfines y las ballenas, hay algunas revelaciones interesantes: una de ellas es que se cree que duermen usando un hemisferio por vez ya que, si ellos se quedaran dormidos completamente, se hundirían y se ahogarían.

El trastorno más frecuente del sueño es el insomnio. En segundo lugar aparece la apnea obstructiva del sueño, que es un trastorno respiratorio en el que, al dormir, se pierde el tono muscular de la garganta y de la lengua, lo que resulta en la oclusión de la vía aérea. Esto bloquea la respiración y, como movimiento reflejo, la persona se despierta para poder tomar aire. Otro trastorno menos común es la narcolepsia, que es la tendencia a dormirse en cualquier lugar sin tener la capacidad de controlarlo, debido a mutaciones en el sistema de orexina, un neuropéptido que está involucrado en la regulación del sueño. También existen otros trastornos del sueño relacionados con el movimiento, como el síndrome de la pierna inquieta, que es el movimiento periódico de los miembros, y también las parsomnias, tales como caminar y hablar dormido.

El sueño cumple funciones centrales para el desarrollo saludable del ser humano y, por ende, el trastorno del sueño no solo redunda en cuestiones ligadas al cansancio físico sino también en un perjuicio sobre todo nuestro organismo.

Lo que podríamos preguntarnos, también, es qué función cumplen los sueños dentro de este. La evidencia acumulada durante las últimas décadas sugiere que soñar es una parte fundamental del proceso de memoria y de emoción. El doctor Bob Stickgold, experto internacional de la Universidad de Harvard, demostró que, entre las personas que realizan una determinada tarea, aquellos que más progresan son quienes reportan haber estado soñando sobre esa misma tarea al momento de despertarse. Pareciera que soñar es un marcador de aquellos desarrollos cerebrales que suceden durante el sueño y que puede incrementar, consolidar e integrar nuevos aprendizajes en las memorias. Esto es parte de un proceso durante el cual el cerebro toma información recientemente aprendida y trata de buscarle significado en términos de posibles utilidades futuras. De hecho, existen procesos de memoria que dependerían del sueño para tener lugar. El sueño aumenta la memoria y estabiliza la experiencia y los recuerdos primordiales haciéndolos resistentes a las interferencias e integrándolos a nuestro conocimiento general.

Será por todo eso que la peste del insomnio ya no trajo alegría a Macondo sino un gran estupor al darse cuenta de que la falta de sueño les perturbaba necesariamente la memoria. Por fin, la novela cuenta que un tal Melquíades llegó un buen día por el camino de la ciénaga con la campanita de los durmientes y de su maletín con frascos sacó el remedio que logró hacer volver el sueño y el recuerdo a Macondo, o la verdadera alegría, que a esta altura de los acontecimientos ya significaba lo mismo.

Dormir para estar despiertos

El ciclo de sueño-vigilia es uno de los ciclos que se autorregulan espontáneamente y es un equilibrio que tenemos desde el comienzo de la vida. Nuestro organismo está preparado para *captar* señales naturales que le indican cuándo debe dormir y cuándo estar despierto. Sin embargo, en la actualidad, ya desde los primeros momentos de vida, este proceso autorregulado se ve *forzado* a acomodarse a las demandas culturales que complican este equilibrio. Dicho de otro modo, el organismo continuamente debe adaptarse a las demandas culturales de nuestro entorno social-familiar. Es algo muy frecuente en nuestros días que los padres despierten a sus hijos a la hora de ir a trabajar para llevarlos a la casa de los abuelos o a los jardines maternales. ¿Cuántas veces también los niños se duermen tarde porque hay una cena que no puede postergarse? Todos estos acontecimientos sutiles comienzan a desregular el ciclo que naturalmente está equilibrado. Estamos despiertos cuando se supone que tendríamos que estar durmiendo y estamos durmiendo cuando nuestro cuerpo recibe señales de tener que estar despierto.

Como todos sabemos, estas circunstancias se van haciendo más frecuentes y más complejas a medida que vamos creciendo: estudiamos durante toda la noche, salimos con amigos o parejas hasta la madrugada, etc. Estas cuestiones evidentemente impactan en nuestro ciclo natural. El sueño es un proceso que naturalmente tiende al equilibrio, pero estas demandas culturales contribuyen a perderlo. Nuestro organismo *se confunde* y pierde las señales naturales que le indican cuándo debe estar despierto y cuándo no.

El ciclo de sueño-vigilia es un proceso que es fácil de alterar, pero difícil de volver a equilibrar. Necesitamos una serie de hábitos concretos que nos permitan recuperar el equilibrio. El principal hábito es ser constante a la hora en la que nos dormimos y en la que nos despertamos. Muchas veces nos queda la sensación de tener que dormir más y que, si fuera por nosotros, nos quedaríamos un rato largo en la cama. Este es un indicio de que el ciclo está alterado. La sensación de sueño y cansancio es producto de las irregularidades en nuestro hábito de dormir. Pareciera que nuestro cuerpo *nos pide* seguir durmiendo. Esto no sucedería naturalmente.

Es cierto que, por las exigencias del medio, resulta muy difícil mantener una rutina por tiempo prolongado. ¿Quién no se queda viendo una película o algún espectáculo deportivo por las noches? ¿Cuántas veces debemos quedarnos trabajando hasta altas horas de la madrugada? Sumado a lo anterior, con tanta actividad diaria durante la semana, vemos como algo impostergable salir los fines de semana hasta tarde o aprovechamos el domingo para dormir la siesta. Todas estas cuestiones tienen un impacto directo en el equilibrio del ciclo de sueño-vigilia, que no se recupera de un día para el otro. De todas formas, además de la importancia central de la constancia en los horarios, hay otras cuestiones que tienen relación directa con el buen dormir y que también nos ayudan a poder despertarnos mejor. A continuación citamos algunos de los más importantes.

- Establecer un conjunto de hábitos que indiquen la proximidad de la hora de dormir.
- Arreglar el dormitorio de modo que favorezca el sueño. Establecer una temperatura agradable y niveles mínimos de luz y ruido.

- No utilizar la cama para actividades como el estudio o la comida.
- No beber alcohol por lo menos dos horas antes de ir a acostarse.
- No consumir cafeína al menos seis horas antes de ir a la cama. Conocer las comidas, bebidas y medicamentos que contienen cafeína. Los efectos de la cafeína pueden estar presentes hasta veinte horas después de su ingestión.
- No fumar durante varias horas antes de irse a la cama, pues la nicotina es un estimulante.
- Evitar el ejercicio físico excesivo varias horas antes de irse a la cama, pues provoca una activación fisiológica.
- No comer al levantarse por la noche.
- Evitar el consumo excesivo de líquidos cerca de la hora de acostarse.
- No utilizar un colchón excesivamente duro.
- Evitar la tecnología, sobre todo si se relaciona con cuestiones laborales, al menos dos horas antes de acostarse.

Vida social activa

Para mantener una mente joven también se recomienda llevar una vida socialmente activa. Siempre ayuda participar de intercambios con personas más jóvenes que uno. Existe evidencia, a partir de estudios observacionales, que estar conectado socialmente protege contra el deterioro cognitivo. Investigaciones llevadas adelante en Chicago, Estados Unidos, a partir del estudio de 6 000 personas mayores de 60 años, permitieron observar que existe una correlación entre mayor relación en una red social y menor déficit cognitivo.

Recomendaciones para mantener el cerebro en forma

Esta es la transcripción de un punteo muy sintético y simple de consejos para el cuidado de nuestra mente realizado por la Clínica de Memoria del Instituto de Neurología Cognitiva (Ineco).

1. Cuide su mente
Desafíe a su cerebro todos los días con cosas nuevas:

- Resuelva crucigramas, arme rompecabezas o practique juegos de mesa.
- Aprenda un nuevo idioma, un instrumento musical o asista a un curso de alguna especialidad que le agrade.
- Experimente nuevas actividades como ir al teatro, un concierto, museos o galerías de arte.

2. Cuide su dieta

Disfrute una comida saludable, eligiendo:

- Alimentos variados.
- Vegetales, frutas, legumbres (arvejas, lentejas, etc.), pan de salvado, cereales.
- Carnes magras, pollo, pescado y productos lácteos con bajo contenido graso.
- Aceite de oliva, girasol, soya o cártamo.

3. Cuide su cuerpo

Haga actividad física diariamente de alguna manera que le resulte agradable:

- Camine o ande en bicicleta para ir al trabajo o en forma recreativa.
- Vaya a bailar, trotar o haga natación.
- Asista a un gimnasio, haga yoga o pilates.
- Haga jardinería.
- Haga deportes en forma recreativa o competitiva.

4. Cuide su salud

Conozca su presión arterial, su nivel de colesterol y glucosa en sangre, y su peso.

Todos estos elementos pueden incrementar su riesgo de desarrollar demencia si se encuentran muy elevados. Pídale a su médico chequearlos. Conocer estos indicadores también ayuda para manejar los problemas si es que los tiene. Y también ayuda para manejar estos problemas si es que los tiene.

5. Cuide su vida social

Participe en actividades sociales, permanezca socialmente conectado:

- Reúnase con familiares y amigos.
- Únase a un club o centro recreativo.
- Participe en eventos de la comunidad o haga trabajo voluntario.

6. Cuide sus hábitos

Evite *malos hábitos*:

- No fume.
- Si bebe alcohol, hágalo con moderación.

7. Cuide su cabeza

Proteja su cabeza de lesiones severas:

- Sea cuidadoso como peatón.
- Siempre use cinturón de seguridad.
- Use casco cuando ande en bicicleta, en moto, en patines o haga deportes que así lo requieran.

Ejemplos de ejercicios para mantener la mente en forma

- Ver una película y explicar la trama con sumo detalle a alguien que no la haya visto.
- Hacer las cuentas mentalmente en el supermercado y luego compararlas con el resultado que ofrezca el cajero.

- Lavarse los dientes con la mano no dominante.
- Al entrar en un cuarto lleno de gente, tratar de estimar con rapidez cuántas personas hay a la derecha de uno y cuántas hay a la izquierda.
- Cuando se cene en un restaurante o casa de un amigo, tratar de identificar los ingredientes utilizados en el plato que se está comiendo. Concentrarse en los sabores sutiles. Luego verificar las percepciones con el mesero o el amigo.

Es importante recordar que aquellas cosas que ya son parte de una rutina no estimulan ni desafían el cerebro. Sí lo son exponerse a situaciones de cambio y desafío como lo hacíamos cuando éramos más jóvenes. Estos factores que hemos propuesto seguramente podrán asimilarse en el contenido o la práctica con los que favorecen la salud del corazón. En definitiva, ¿se puede pensar lo uno sin lo otro?

*

Este libro se escribió persiguiendo justamente un desafío: el de develar algunos de los fascinantes enigmas del cerebro y que los mismos sean conocidos, comentados, puestos en cuestión. En suma, para que, a través de estos, surjan nuevas preguntas, nuevos enigmas y nuevos desafíos.